新版

知らずに食べていませんか？ネオニコチノイド

ダイオキシン・環境ホルモン対策国民会議
監修

水野玲子
編著

高文研

はじめに

90年代初めに世界各地でミツバチ大量死が起き、その原因としてネオニコチノイド（ネオニコ）農薬の危険性が世界的にクローズアップされました。あれから30年以上が経過し、本書初版から10年、増補改訂版の出版から5年になります。

この間、EUはミツバチを守るために、そして農民と食糧生産を守るために、徹底的に脱ネオニコの政策を進めましたが、日本ではいったい何が変わったでしょうか。

ミツバチやトンボなど、大切な生き物が次々と姿を消しているにもかかわらず、わが国はネオニコチノイド農薬の残留基準の緩和を一方的に推し進め、これまで以上に企業が農薬をたくさん販売できる環境を行政が作り出しました。

一方、最近10年でネオニコ農薬に関する研究がわが国でも進みました。マウスの実験でこの農薬は、これまで安全とされてきたごく低用量下でも、行動や生殖機能などに影響を与えることも分かりました。また、新生児の尿からもこの農薬が検出され、発達途上の脳への悪影響が懸念されています。それにもかかわらず「ネオニコ農薬は、害虫は殺すが人には安全」という過去の誤ったスローガンを鵜呑みにし、この農薬の規制に見向きもしない日本の行政の姿勢は変わりません。

今日、ADHDや自閉症など子どもの神経発達障害が激増していますが、昆虫の神経系を標的にして破壊することを目的として作られたこの農薬が人の神経系にも悪影響を与える可能性を、私たちは忘れてはなりません。

日本でも少しでも農薬規制が始まることを祈りつつ、本書が読者の皆さんのお役に立てれば幸いです。

もくじ

装丁――――妹尾浩也(iwor)
カバーイラスト――渡部 優(渡部建具店)
文中イラスト―――安富佐織・玉城ちわか

※本書では、ネオニコチノイド系農薬を、「ネオニコチノイド農薬」「ネオニコチノイド」「ネオニコ」などと表記します。

1

ミツバチに何が起こったの？

世界で起きたミツバチの大量死

●原因が“ネオニコチノイド系農薬”と科学的に決着！

世界中でミツバチの大量死や蜂群の減少が報告されています。1990年代にヨーロッパ諸国ではじまったこの現象は、蜂群崩壊症候群(ほうぐんほうかいしょうこうぐん)(Colony Collapse Disorder=CCD)と呼ばれ、世界各地に広がりましたが、最近5年〜10年間で大幅に減少しました。

CCDの特徴

①巣に働きバチがほとんど残っていない

②死骸がみつからない

③巣には多数のさなぎが残っている

④巣には貯蜜や貯花粉が残っている

⑤多くの場合、巣に女王バチが残っている

★ミツバチ大量死やＣＣＤが起きた国

フランス、ベルギー、イタリア、ドイツ、スイス、スペイン、ギリシャ、オランダ、ポーランド、ポルトガル、ウクライナ、ロシア、タイ、スウェーデン、スロベニア、イギリス、中国、アメリカ、カナダ、ブラジル、インド、台湾、ウルグアイ、オーストラリア、日本、ニュージーランド、北アイルランド、韓国、チリ

ミツバチ大量死の原因については、地球温暖化によるダニなど病害虫の増加、森林伐採による生息地や蜜源となる花の減少、それにともなう栄養不足、ウイルス感染の拡大、そして、人間の都合で家畜化されたこと、蒸し暑いビニールハウスなどで農作物の受粉に酷使されるストレスなどがあげられてきました（14ページ参照）。しかし、それらの中で直接的原因としての証拠が2012年に揃った（9ページ参照）のが、ネオニコチノイド系農薬です。

ミツバチが巣に戻れなくなったのは、成虫の脳を直撃するネオニコチノイドにより方向感覚、帰巣本能が狂ってしまうことなどの他に、汚染された花粉や蜜を食べた幼虫の脳が正常に発達せず、ミツバチの脳になんらかの障害が生じた可能性も考えられます。

2018年4月EU
3種類のネオニコチノイド農薬を屋外で全面使用禁止

ネオニコチノイドの禁止を求めて、デモをする養蜂家たち。2008年11月イギリス。（英国養蜂家連盟〈BBA〉）http://www.bbka.org.uk/

2013年、ＥＵ委員会は予防原則を適用して、ネオニコチノイド農薬の３成分（クロチアニジン、イミダクロプリド、チアメトキサム）の暫定的２年間の使用中止を決定しました。まず、一時的に使用中止し、２年後に再評価するという内容でした。

そしてついに2018年４月27日、ＥＵ委員会は、懸案となっていた同３種類のネオニコ農薬の、ハウスを除く屋外での全面使用禁止を賛成多数で可決し、この規則は施行されました。グリンピースによれば、ＥＵ内の採決では、加盟27か国のうち賛成はフランス、ドイツ、オランダ、スウェーデンなど16か国におよび、人口数でいえば全体の76％が賛成したことになり、禁止に反対したのは、デンマーク、ハンガリーなど４か国でした。

2013年当時に反対していた英国は2017年、ＥＵ脱退（Brexit）の決定後にその立場を逆転させ、今回はネオニコ禁止に賛成したのです。

その理由は、自然環境が劣化すると経済的な落ち込みにつながり、ミツバチなどの農作物の授粉を担うポリネーター（授粉昆虫）がいなくなるからです。農作物の授粉ができなくなれば、食料供給に直結する大問題だと認識したのです。

なぜEUは中止の決断ができたの？ 科学的証拠の蓄積

世界一流の科学雑誌『ネイチャー』と『サイエンス』で、ネオニコチノイド農薬とミツバチ大量死を結び付ける証拠が発表されたからです。

◆ネオニコチノイド農薬がミツバチの採餌行動を減少させ、生存率を低下させる。

ミツバチに致死レベルのネオニコチノイド（成分名：チアメトキサム）を与えた実験では、通常のハチと比べて巣の外で死ぬ確率が２～３倍高かった。この農薬は中枢神経に作用し、巣に帰る能力に障害が出たと見られる。『サイエンス』（Henry M, et al. Science 2012;336）

◆ネオニコチノイド農薬がマルハナバチコロニーの成長と女王の生産を減少させる。

マルハナバチの群れを低濃度のネオニコチノイド農薬（成分名：イミダクロプリド）に曝（さら）す実験をすると、６週間後には正常の群れと比べて次世代を生み出す女王バチの数が85％減少した。『サイエンス』（Whitehorn PR, et al. Science 2012;336）

◆ネオニコチノイド農薬とピレスロイド農薬の複合影響でマルハナバチコロニーが弱体化する。

一般的に使用されているレベルの低用量の曝露（ばくろ）＊でも、よく使用される２種類の農薬の複合作用でマルハナバチの採餌行動をおかしくさせ、働きバチの死亡率が上昇することによって、群の弱体化をもたらす。『ネイチャー』（Gill RJ, et al. Nature 2012; 491）

＊曝露とは、環境中に存在する化学物質を呼吸、食事、皮膚などを通して体内にとりこむこと。

2022年EU
市民発議「ミツバチと農民を救え」成立

EUには、市民が特定の議題について、少なくとも7EU加盟国（EU加盟国は2022年現在27か国）で100万筆以上の有効署名を集めると、EU委員会はそれに対して法的措置を講じなくてはならないという制度があります。

農薬行動ネットワーク・欧州（PAN Europa）、欧州地球の友（Friends of the Earth Europa）など欧州の環境市民団体によって提起された今回の市民発議「ミツバチと農民を救え」は、105万筆の署名を集め、欧州委員会に対して農薬に関する次の3項目の施策の実施を求めました。

1. 2035年までに化学農薬の使用を全面的に禁止する
2. 農業が生物多様性回復に向かうよう、農業地帯の自然生態系を回復する
3. 以下の施策で農業を改革する
   - 小規模で多様かつ持続可能な農業を優先
   - アグロエコロジーと有機農法の増加への支援
   - 農民を主体とした農薬や遺伝子組み換え作物を使用しない農業の推進

この市民発議の運動は、環境保護団体など49団体が資金を拠出し、欧州委員会は正式な回答を出さなくてはなりません。

日本ではデモや集会でいくら反対の声を上げても、国会では重要な問題が次々と決められてしまいます。そんな現状を打破しようと2023年6月、わが国でも市民グループがイニシアチブ（国民発議）制度の導入を求めて動き出しました（INIT: 国民発議プロジェクト）。これこそ民主主義を支える市民にとって大切なインフラです。（2023年6月19日東京新聞）

EU で進む“脱ネオニコ”

EU を筆頭にネオニコチノイド農薬の見直しによる失効や規制強化が進んでいます。表に示したように EU では現在、1 種類のネオニコチノイド農薬と 2 種類の第二世代ネオニコ（代替品）農薬のみ使用可能なのに対して、日本ではその数がますます増えています。

2022 年 7 月、欧州委員会は残留基準に関しても規制を強化し、世界的に減少する花粉媒介者（ポリネーター）対策として、クロチアニジンとチアメトキサム残留基準値について、一部を除き 0.01ppm とする改定案を WTO（世界貿易機関）に通知しました。

ネオニコチノイド系農薬の登録・失効：EUと日本

	農薬名	EU		日本	
1	クロチアニジン	失効	×	○	登録
2	チアメトキサム	失効	×	○	登録
3	イミダクロプリド	失効	×	○	登録
4	チアクロプリド	失効	×	○	登録
5	アセタミプリド	登録更新	○	○	登録
6	ジノテフラン	未登録	×	○	登録
7	ニテンピラム	未登録	×	○	登録
8	スルホキサフロル	登録	○	○	登録
9	フルピラジフロン	登録	○	○	登録
10	トリフルメゾピリム	未登録	×	○	登録
11	フルピリミン	未登録	×	○	登録
12	フィプロニル	失効	×	○	登録
13	エプチロール	未登録	×	○	登録

＊1～7 ネオニコチノイド系農薬　＊8～11ネオニコ系ではないが作用機構がネオニコ系に類似。ネオニコ代替品で第二世代のネオニコともよばれる。＊12,13はフェニル・ピラゾール系農薬で浸透性農薬

もしミツバチが消えたら？

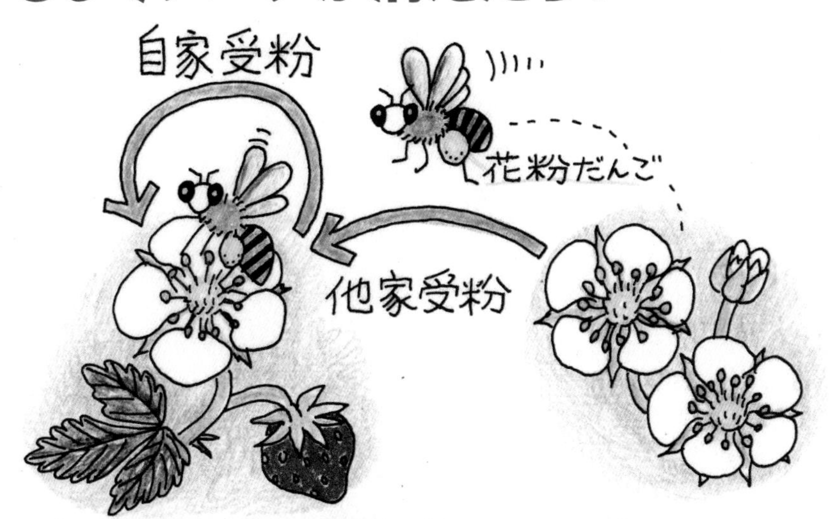

イラスト：安富佐織

私たちが毎日食べる野菜や果物、それはミツバチなどの受粉昆虫（ポリネーター）がいることによって、おいしい実がなり、私たちの食卓が豊かなものになっています。

ミツバチは、幼虫の餌として蜜や花粉を集め、その過程でオシベの花粉をメシベに運び受粉をおこなうポリネーターです。農業現場ではイチゴやブドウなどの果物だけでなく、カボチャやキュウリなどの野菜（果菜類）の果実を実らせるための受粉や、翌年の種子を確保するための受粉を、主としてミツバチに頼っています。また最近では、ナスやトマトの受粉には輸入種のマルハナバチが使われています。

受粉昆虫の数は数十万種ともいわれています。もし、ミツバチをはじめとしたこれらのポリネーターが消えてしまったら、農作物の実りも悪くなり、私たちの食卓はきっと貧しいものになるでしょう。

ミツバチなどのポリネーターには、この他にも、樹木や野の花の受粉を助け植物の多様性を維持するという大切な役割があります。自然界では被子植物（花の咲く植物）のほとんどが野生のミツバチやマルハナバチなどのポリネーターに頼って種子を作り、次世代を残しているのです。

●クリスマスケーキからイチゴが消える!?――人工授粉は大変

日本のイチゴは、現在、ほとんどがビニールハウスで作られています。イチゴは虫媒花で、ビニールハウスではミツバチが受粉を助けることによって、きれいな実になります。もし、ミツバチがいなくなったら、クリスマスケーキのイチゴは、うまく実らず小さくなったり、あるいは消えてしまったりするでしょう。

一方で、各地の果樹農家では、ミツバチに代わって人間が手で受粉作業を行うところが増えてきました。千葉県では農家が自分たちの手でスイカの受粉をしたり、山形県では毎年サクランボの受粉に“人間バチ”が忙しく働いています。ミツバチが減少してしまうと、この先、私たちの食べ物は、いったいどうなるのでしょうか。

ミツバチが受粉を行う主な作物

果樹		野菜	
イチゴ 	ナシ 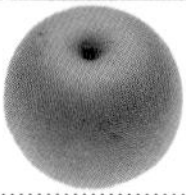	トマト 	ナタネ 
メロン 	リンゴ 	ナス 	レタス 
スイカ 	ウメ 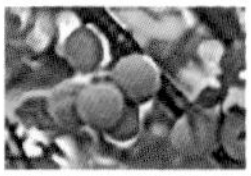	キュウリ 	ブロッコリー 
モモ 	カキ 	カボチャ 	タマネギ 

日本で続くミツバチ被害

★ ネオニコチノイド農薬などが原因でミツバチが大量死したとみられる県
▲ 農水省調査(2009)で花粉交配用ミツバチが不足していた県(21 都県)
● 2010 年 4 月 農水省研究報告で農薬が関連するミツバチ死滅
▼ 2014 年 農水省ミツバチ被害
多かった道県
◎ 2022 年 日本養蜂協会の報告
ミツバチ被害

北海道
ミツバチ大量死（日本農業新聞 2008）
水田地帯中心に6月のイネドロオイムシ防除
7～8月カメムシ防除の
クロチアニジン農薬散布後に
ミツバチ被害 2000 群
道は養蜂農家とのすみ分けを指導

青森県
県はミツバチへの危害防止について、
水稲カメムシ対策で
ダントツ（クロチアニジン）が
ミツバチに悪影響を及ぼす
恐れありと注意促す
2009 年、ミツバチ対策会議が開催される

岩手県
700 群のハチ死滅
近隣にてカメムシ防除のために
クロチアニジン散布直後
(2005)

山形県
2006 年農薬で大量死
受粉期にミツバチとマメコバチが
飛ばなかった農家に人工授粉
（毎日新聞 2009）

宮城県
ミツバチ不足で
1972 年以来初めて
りんご園で手作業で
人工授粉
（読売新聞 2009）

石川県
ミツバチ来年も不足か、衰弱
越冬できない恐れ　県養蜂協会
（北国・富山新聞 2009）

兵庫県
丹波でミツバチ大量失踪
（中日新聞 2010）

山口県
ミツバチ 94 群原因不明の
被害（週刊中国新聞 2009）

鳥取県
大栄スイカ交配に必要な
ミツバチ不足
(2009)

佐賀県
ミツバチ大量失踪
ミツバチからウイルス？
（佐賀新聞 2009）

岐阜県
2007 年
水稲への
空中散布の後
ミツバチ大量死
（個人養蜂家よ

長崎県
ミツバチ大量死　被害総数1910 群
（県養蜂協会 2009）
ネオニコチノイド系農薬
ダントツが原因と疑われる

愛知県
豊橋市で大量死
殺虫剤が原因か（2009）
ミツバチ巣箱の盗難が続発
70 箱以上が被害（読売新聞 2009）

熊本県
ミツバチ被害発生（2003）
ダントツ水溶液が原因として
疑われた
県養蜂家組合調査
2008 年約 1900 群死滅

宮崎県
ミツバチ不足深刻（読売新聞 2009）
西洋ミツバチ異変　巣箱前で大量死
飛びたたないケース（宮崎日日新聞 2009）

、特にミツバチ被害が
薬が原因の可能性のある

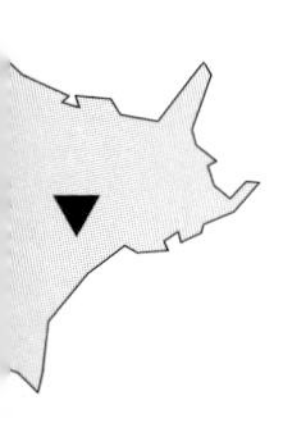

茨城県
ミツバチ大量死
報道（2009）

栃木県
県養蜂組合は
ＪＡ全農栃木に、
殺虫剤空中散布に
慎重に対応するよう
異例の要請

千葉県
ミツバチ調達６割減
県は農水省に要望書
提出（2009）

神奈川県
三浦半島周辺で
ミツバチほぼ全滅
（2008, 2009）

長野県
県北部で農薬が
原因と見られる
ミツバチ大量死が発生
「ミツバチ危険被害
対策連絡会議」発足
（長野日報 2009）

●国の早急な農薬規制が必要

日本でもミツバチ被害が広がった2005年には、岩手県で700群のミツバチがイネのカメムシ防除のために使用されたネオニコチノイド農薬（商品名：ダントツ、成分名：クロチアニジン）により大量死し、北海道、長崎県などでもＣＣＤに似た被害が報告されました。農林水産省は、2013年～15年の３年間をかけ、農薬が原因と疑われるミツバチ減少や大量死の調査を行い、報告書『蜜蜂被害事例調査』をまとめました。被害発生から10年以上経過し、同省は80～85%のミツバチ被害が水稲のカメムシ防除が行われる時期に発生したことを認めました。2017年７月、死んだミツバチから検出された農薬はネオニコチノイド系３種類、ピレスロイド系２種類、フェニルピラゾール系１種類、有機リン系１種類でした。

しかも、ミツバチ致死量の10分の１以上の値で見つかった農薬の66%がネオニコチノイド系でした。こうして、カメムシ防除に使われるネオニコチノイド農薬がミツバチ減少の主原因とわかったにもかかわらず、同省が推奨する被害軽減に有効な対策はこれまでと同じで、養蜂家と農家の間の情報共有や、巣箱の設置場所の工夫や退避でした。

カメムシ防除のための農薬散布は、もはや不必要であるとの声が高まっています。一刻も早くミツバチ被害の大きな原因である農薬散布を中止すべきです。国の有効な農薬規制が早急に求められています。

何がミツバチを苦しめているのか？

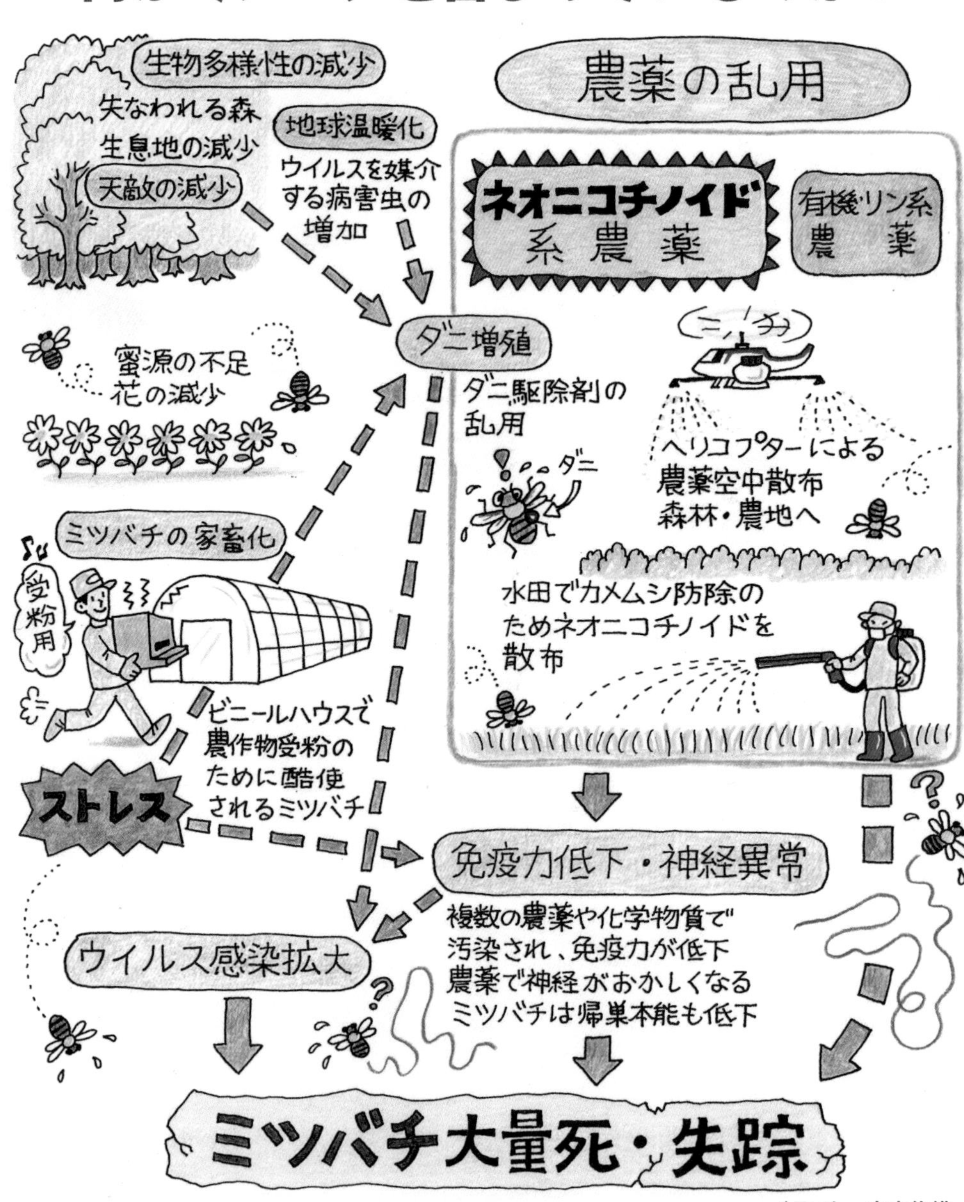

イラスト：安富佐織

●ミツバチ減少の原因は？

ミツバチを取り巻く環境は、時代とともに大きく変化してきました。開発によって豊かな森が失われ、生息地が減ってきただけでなく、地球温暖化もあいまって、ウイルスを媒介するダニが増加しています。ただでさえダニに悩まされてきたミツバチに、ダニ駆除剤が多用されています。

そして蜜源となる花も減ってきました。それでも、最もミツバチにとって苛酷な現実は、家畜化されたミツバチが息苦しいビニールハウスの中で、農作物の受粉という重労働を強いられることです。

イチゴの受粉のために養蜂家からイチゴ農家にミツバチが貸し出されます。ミツバチは狭いビニールハウスの中で働き、すっかり弱ってしまいます。ストレスで免疫力も低下したミツバチは、ウイルスへの抵抗力も下がってしまいます。

それでもミツバチの神経を侵す強い農薬がなければ、何とかこれまで通り生きながらえることができたのですが、ネオニコチノイド農薬は従来の農薬とはわけが違います。イネの花粉を集めに行ったばかりに、苗の段階で育苗箱に振りかけられたネオニコチノイドが花粉まで浸透していて、それにやられてしまうのです。また、イネの穂がでるころには、空からヘリコプターやドローンなどでカメムシ防除のために、ネオニコチノイド農薬が散布されます。それは、斑点米（カメムシに吸汁されて褐色になった米）を減らすためです。

日本のミツバチの多くが、この時期の農薬散布の犠牲になって死滅しました。

日本でのミツバチ被害

藤原誠太（日本在来種みつばちの会会長・東京農業大学客員教授）

私は岩手県盛岡市で養蜂場を経営している。2005年8月中旬、かつて私が経験したことのないミツバチの大量死が、岩手県の自社養蜂場内で突然発生した。たくさんのミツバチが巣箱の周りに扇状に広がって死んでいて、歩くハチはよたよたしていた。夏のこの時期は、一番ハチの数が多いので、蜜もたくさん貯まる。そのため、蜂箱２段は当たり前、多いものは３段になっている。それがみんな巣箱から吐き出されたように、巣箱まで帰ってきたミツバチが中に入れないで死んでいた。中に入っても、中のハチと喧嘩して出されてしまったものもいた。

１，２の蜂箱ではなく、数十の巣箱の周辺は、足の踏み場もないほどミツバチの死骸で埋め尽くされた。私は、それまでなんの予兆もなしにこのようにミツバチが大量死した記憶がなく、知りうる限りの病名や害虫名に照らしてみても、思い当たるものはなかった。この年には、うちの養蜂場だけではなく、岩手県や東北各地の養蜂家にも同じ被害が相次いだ。そのとき、ぴんときたのが新農薬被害の可能性だった。

農薬被害は今に始まったことではない。でも、今度は今までとは違うぞ、と思った。突然、大量に死んだので、何かの薬だと直感した。調べたら、〝ダントツ（商品名・ネオニコチノイド系成分＝クロチアニジン）〟を撒き始めたらしいという情報が入った。

ダントツの使用説明書には、ミツバチや蚕を飼っているところでは使わないように、と書いてある。しかし、ダントツでの集団防除を指導したのは、県だという。ネオニコチノイドを撒くと、ハチが死ぬことを農家はわかっていた。しかし、農家でハチを飼っている人がいて、「県が撒けというので、少しだけ撒いた。すると、全滅してしまった」と言う。

県との話し合いでの結論は、「農薬を撒くので、蜂箱を移動させる時

自社養蜂場で起こったミツバチの大量死。蜂箱の前でミツバチがたくさん死んでいる。

期を知らせる」ということになった。しかし、いくらお知らせされても、日本には厳しい養蜂振興法があり、蜂箱を置ける場所が決まっている。だから、「農薬を撒くから、どこかに逃げなさい」という県の指導には驚いた。今までは、「蜂箱は勝手に動かしてはいけない」と言われていた。それが、「緊急避難だから動かしなさい」と言う。今まで何十年も蜂箱を置いてきた場所なのに、新しい農薬を撒くから逃げてくれ、と言う。これは通らない。

また、事はミツバチだけの問題ではない。他の虫たちも死んでしまう。虫たちがいなくなれば、魚も鳥も影響を受けるはずだ。そして、人間だってどうなるかわからない。生態系をどう維持していくのかを考えなくてはいけない。ミツバチが安心して飛び交える花と緑の大地を、子孫に残したいと思う。

ミツバチが環境のおかしさを警告! ——現代の"炭鉱のカナリア"——

●なぜ、ミツバチが問題になるの？

「最近、赤とんぼが減ったような気がする」「そういえば、せみの声もあまり聞かない」と思っていても、本当に数が減っているのか、どれくらい少なくなっているかは正確にわかりません。しかし、ミツバチは「養蜂」があるので、人間が巣箱単位で蜂の群数を管理できる昆虫です。

蜂飼いたちの目の前で、ある日突然、ミツバチが死に始めました。「飼っていた蜂の何割がいなくなった」「何群が滅びた」と数で報告できたのです。そして、ミツバチの大量・突然死は全国で報告されました。

●炭鉱のカナリア

むかし炭鉱では、地下の坑道がしばしばガス爆発を起こし、多くの炭鉱作業者が犠牲になりました。その時、危ないガスを検知するために、地下の坑道にカナリアの籠(かご)を持って行きました。危険なガスが出てくれば、最初にカナリアがおかしくなり、それを見て人間も避難することができたのです。

農薬を含めて危ない化学物質に囲まれた現代社会。ミツバチは現代のカナリアです。何万種類もいる生物の中で、ミツバチは人間に飼われているので、私たちも異変に気づくことができます。ミツバチが元気で生息できる安全で安心な環境は、農薬汚染もなく、水や空気もきれいで、花や緑にあふれています。それは、人間にも安全なすばらしい環境です。

2

ネオニコチノイド
農薬って何？

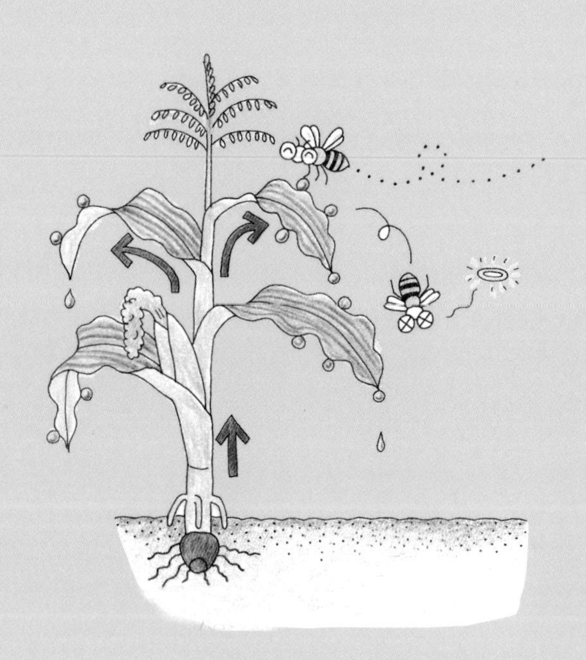

“ネオニコチノイド農薬”って何？

最近多用されている農薬(殺虫剤の一種)です。タバコの有害成分ニコチンに似ているのでネオニコチノイド（新しいニコチン様物質)と呼ばれています。ネオニコチノイドは1990年代はじめに、有機リン農薬の後に開発され、ここでは第２世代ネオニコも含め 11 種類を表に示しました。

ニコチンとネオニコチノイド系農薬2種の構造式

ニコチン

N　N　H　CH_3

ネオニコチノイド系イミダクロプリド

Cl　N　N　NH　NNO_2

ネオニコチノイド系アセタミプリド

CH_3　Cl　N　CH_3　N　NCN

●浸透性・残効性・神経毒性

ネオニコチノイドの特徴は、無味無臭無色で①浸透性、②残効性、③神経毒性です。ミツバチを含む昆虫類、生態系、さらに人への影響が懸念されています。ネオニコチノイドは、水溶性で植物内部に浸透することから浸透性農薬とも呼ばれています。

他にも浸透性農薬として、新しい系統（フェニルピラゾール系）の殺虫剤フィプロニルも多用されています。フィプロニルはペットのノミ駆除、家庭内殺虫剤、農薬として使われていますが、これも神経毒性があり、ミツバチ大量死の原因としても注目されています。さらにネオニコチノイドは条件により残効性が高くなり、地中に長期（１年以上）残留するという報告があります。

●増え続けるネオニコチノイド使用量

ネオニコチノイドの国内出荷量は年々増加しており、最近約 30年間で３倍に増えました。その用途は農業、林業、家庭用（シロアリ駆除他）など私たちの生活全般に広がり、これまで多用されてきた有機リン系農薬から少量で効き目の強いネオニコチノイドに入れ替わりつつあります。

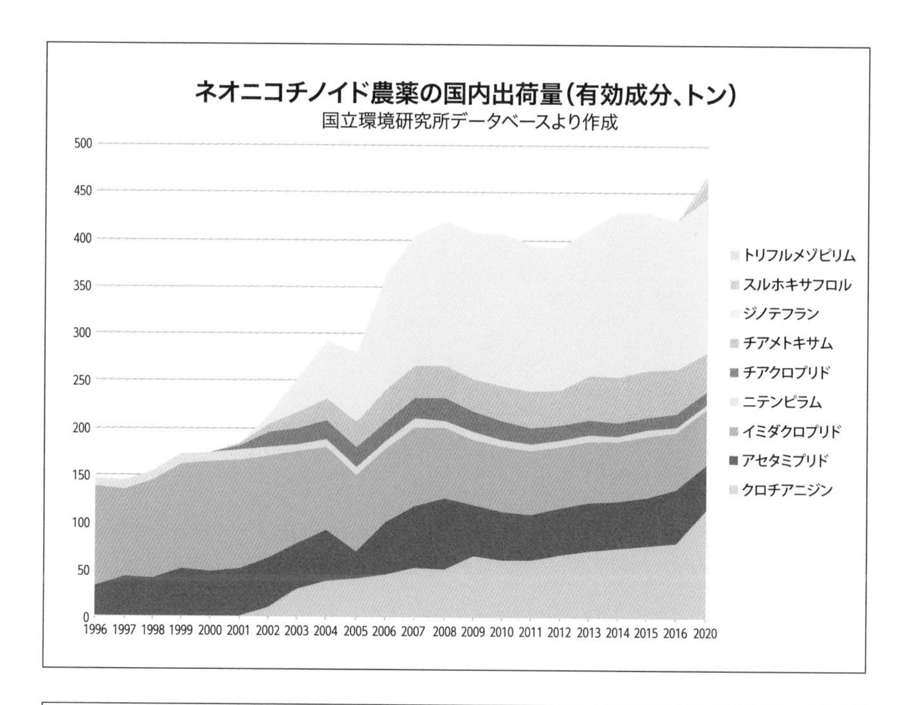

ネオニコチノイド系農薬の成分名・商品名・開発企業

成分名	商品名	開発企業
クロチアニジン＊	ダントツ・タケロック・モリエート	住友化学
アセタミプリド	モスピラン・マツグリーン・カダン	日本曹達
イミダクロプリド＊	アドマイヤー・ハチクサン・アースガーデン	バイエル
ニテンピラム	ベストガード	住友化学
チアクロプリド	バリアード・エコワンフロアブル	バイエル
チアメトキサム＊	アクタラ・クルーザー	シンジェンタ
ジノテフラン	スタークル・アルバリン・ボンフラン	三井化学アグロ
フルピリミン △	エミリア	メイジセイカ
フルピラジフロン△	シバント	バイエル
スルホキサフロル＊＊△	トランスフォーム・エクシード	コルテバ
トリフルメゾピリム 注△	ゼクサロン・ルミスパンス	コルテバ

＊2018年EUが屋外使用禁止　＊＊2022年EU屋外使用禁止
△ネオニコ系ではないが作用機構はネオニコ系と類似（第2世代ネオニコ）
注：トリフルメゾピリムの通称はピラキサルト

ネオニコチノイドの「浸透性」

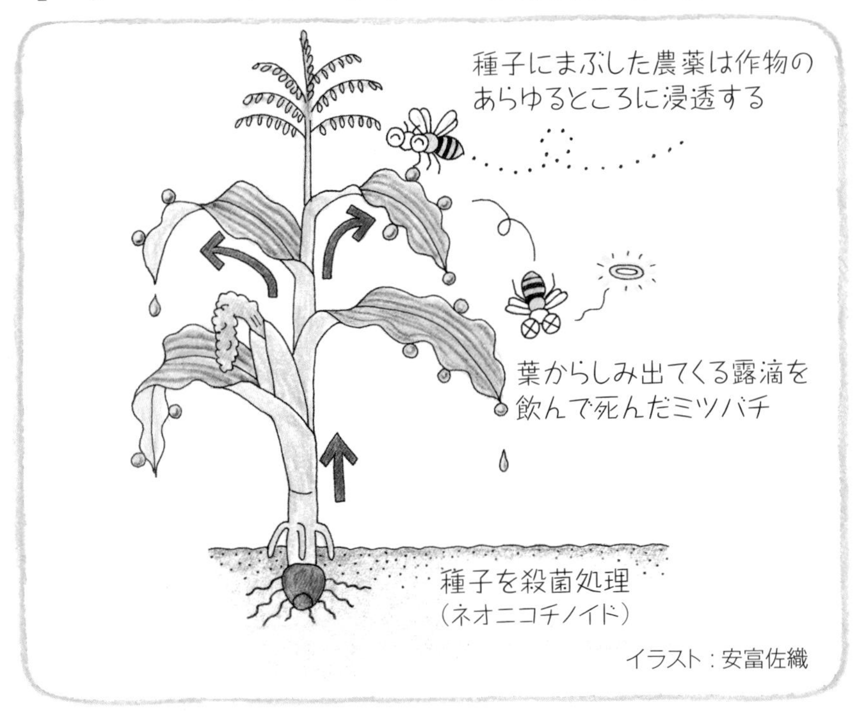

イラスト：安富佐織

●果物・野菜の内部へ浸透

ネオニコチノイドは、イネ、野菜、果物、菊、バラなどの栽培、そしてシロアリ、松枯れ病の防除などのために広く使われています。噴霧(ふんむ)されたネオニコチノイドは、水溶性であるため植物の葉や茎(くき)から直接吸収されます。また、ネオニコチノイドは浸透性であるため、土壌に撒かれると根から吸収され、根、茎、葉、花、花粉、蜜、果実などに行き渡り、内部から殺虫効果をもち続けます。

ネオニコチノイドは植物の内部に浸透し、洗っても落とすことはできません。ミツバチでは、ネオニコチノイドに直接触れるより、蜜、花粉、水などに含まれるネオニコチノイドを口から摂取する方が、毒性が10倍以上強くなることが明らかになっています。

こんなに多い農薬散布

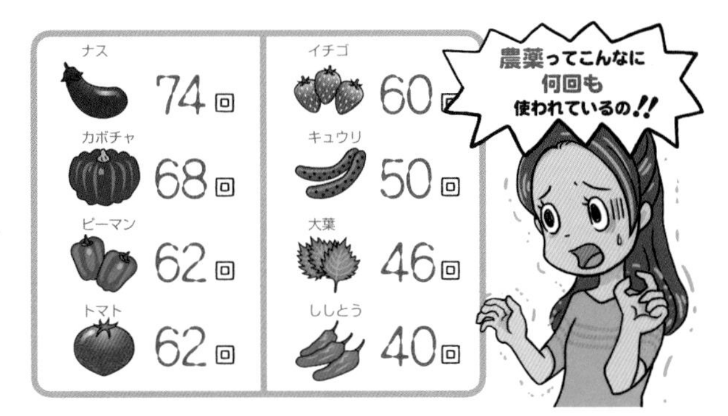

右の農薬散布回数は、日本のある県の農産物防除暦の一例で、地域によって回数は異なります。散布回数とは農薬成分の回数で、同じ日に殺虫剤1成分、殺菌剤1成分を撒けば2回と数えます。合計の回数は、ネオニコチノイド農薬の他にさまざまな農薬を含んでいます。特別栽培農作物とは、このような慣行栽培による化学合成農薬および化学肥料の散布を、5割以上削減して生産した農産物をいいます。

私たちが毎日食べている野菜や果物に、どんな農薬がどれくらい使われているのか、私たちはまったく知らされていません。加工食品の多くには、消費者の長年の運動の結果、原材料名や添加物の種類・名前が記載されるようになりましたが、野菜や果物にも、消費者が農薬の種類や散布回数を知ることができる表示が必要でしょう。

●無色透明でにおいもない

昔は、農薬を撒くと葉っぱが白くなるなど、農薬が撒かれたことがはっきりわかりました。しかし、ネオニコチノイド農薬は無色透明でにおいもないため、見た目では農薬が撒かれたか、わかりません。

※左ページの図はイタリアのV.Girolamiらの検出実験のイラストで、3種類のネオニコチノイド、イミダクロプリド（0.5mg／1粒）、クロチアニジン（1.25mg／1粒）、チアメトキサム（1mg／1粒）をそれぞれ別のコーンに処理して検出実験をしている。水滴に含まれるネオニコチノイドは平均して10mg/lの殺虫剤を検出、最大で水滴1リットルあたりなので、mlあたりにすると0.01〜0.2mg／mlだった。

洗っても落ちないネオニコチノイド

アセタミプリドの残留農薬基準値 (ppm)　2022 年 1 月現在

食　品	日本	米国	EU	食　品	日本	米国	EU
イチゴ	3	0.6	0.5	茶葉	30	**	0.05*
リンゴ	2	1.0	0.4	トマト	2	0.2	0.5
ナシ	2	1.0	0.8	キュウリ	2	0.5	0.3
ブドウ	5	0.35	0.5	キャベツ	3	1.2	0.4
スイカ	0.3	0.5	0.2	ブロッコリー	2	1.2	0.4
メロン	0.5	0.5	0.2	ピーマン	1	0.2	0.3

＊検出限界以下　＊＊輸入茶のみ暫定値 2010 年 2 月

・ペットボトルのお茶で 2.5ppm 検出した例があり、子どもが 800ml 飲むと一日摂取許容量（0.071mg/kg 体重 / 日）を超える。

●欧米よりダントツに高い残留基準

農薬には、厚生労働省によって、私たちが体内に摂取しても安全なように果物、野菜、茶などの食品に対して残留基準値が定められています。アセタミプリドを例にとると、残留基準値があまりに高かったため、改正されました。しかし、その残留基準値ですら米国と比べると 1 ～25倍、ＥＵと比べると 1.5 ～300倍も高く、本質的な改正にはなっていません。それは、日本の農薬使用量が欧米より格段に多いため、欧米の基準値まで下げられないことが原因の一つであると考えられます。

●ジノテフランも残留基準緩和

厚労省は2017年7月、ネオニコチノイド農薬のジノテフランの残留基準値の緩和策を発表しました。改定案では、新たな農薬登録申請により、小豆、サトウキビ、わけぎ、オリーブなど4品目の基準が設けられました。それと同時に、野菜や果物で14品目、牛肉など畜産物28品目の残留基準が緩和されました。たとえば、とうもろこしは、0.1ppmから0.5ppmに5倍、はくさいは、2ppmから6ppmへと3倍に緩和されたのです。

ジノテフランは、三井化学（現、三井化学アグロ）が1993年に開発し、2002年に農薬登録されました。クロチアニジンによりミツバチ大量死が各地で発生したため、ジノテフラン（商品名：スタークル剤）が多用されるようになりました。

ネオニコチノイド安全神話

▷神話（Myth）

▷弱毒性　▷虫は殺すがヒトには安全　▷揮発しにくいので安全

▷環境保全型農薬である　▷農薬の散布回数を減らせる

▷有機リンよりヒトに悪影響が少ない　▷少量で効果が長期間持続

▶現実（Reality）

▶残効性が高い

▶複合毒性が高い（ミツバチの実験では、ネオニコチノイドにある種の殺菌剤を混ぜると毒性は最高1000倍）

▶浸透性殺虫剤である（根から吸い取った薬剤が茎や葉、実などすみずみまで浸透し、洗っても落ちない）

▶ヒトにも神経毒性を持ち、被害例が多い

▶代謝産物の毒性が高い（生体の中に入ってから毒性が増加する）

ネオニコで減農薬のウソ！

有機リンからネオニコチノイド

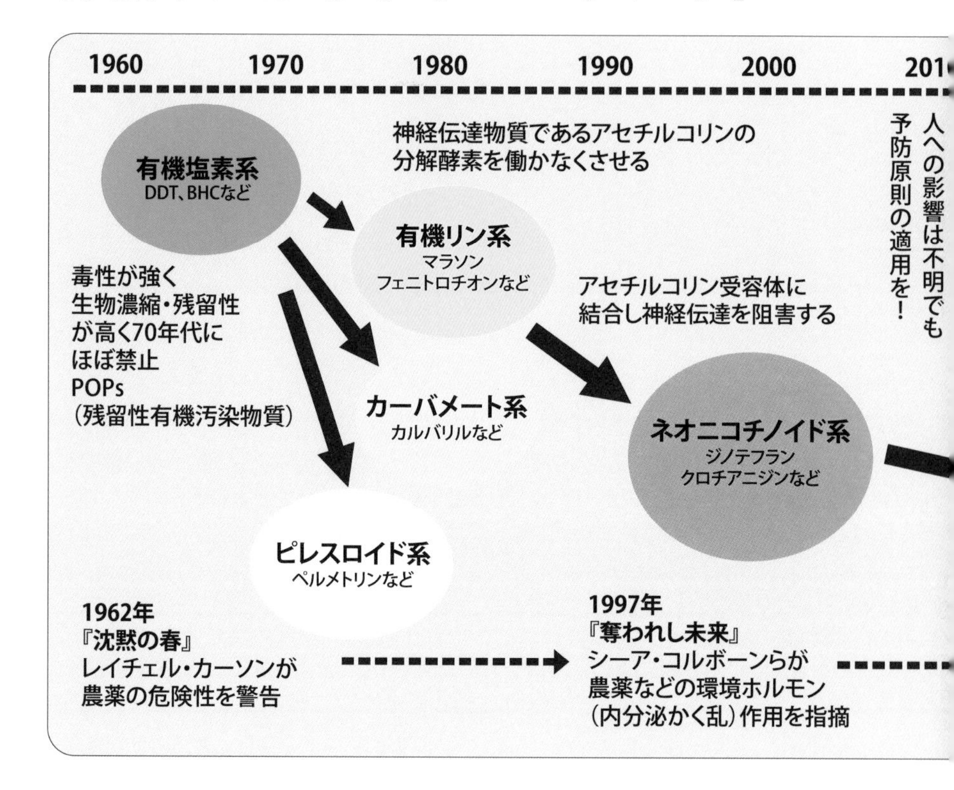

農薬（殺虫剤）は昆虫の神経系を標的として開発されました。農薬の歴史をみると、新しい農薬は絶賛されて登場しますが、数十年後に危険性が明らかになり、禁止されることが繰り返されてきました。ＤＤＴなどの有機塩素系農薬は、残留性や生物濃縮性が高く毒性が強いため、ＰＯＰｓ農薬（残留性有機汚染物質）として多くの国で禁止されました。

●有機リンとピレスロイド

有機リン農薬は2007年、ＥＵではその大部分を毒性評価の末に禁止しましたが、日本では、まだそのほとんどが大量に使用されています。

有機リン農薬が低用量（日常曝露量）でも子どもの尿から検出されると、ＡＤＨＤ（注意欠如多動性障害*）を発症する確率が２倍上がるという研究も米国で発表されています。ピレスロイド農薬も人への神経毒性が懸念されています。　＊ＡＤＨＤは日本精神神経学会で「注意欠如多動性障害」に 2008 年に変更

2020

鳥の声も聞こえない
しのびよる「沈黙の春」
人間にも不妊と少子化
生殖の危機が現実に！

第2世代
ネオニコチノイド系
スルホキサフロル
フルピラジフロンなど

022年
生殖の危機』
ャナ・スワンが
境ホルモンによる
子数減少の科学的
拠を公表

●複数の農薬による複合汚染

現在私たち日本人は、新しいネオニコチノイド農薬と有機リン農薬、ピレスロイド農薬、未だに汚染の続く有機塩素農薬など多種類の農薬に同時に曝されています。子どもの発達障害やアレルギーが急増し、成人の精神疾患も近年急上昇している背景には、これらの農薬の汚染が関与している可能性が指摘されています。害虫を殺すだけのつもりが、人間にまでその影響が及び始めています。

●農薬の効果が長くつづく（残効性）

日本の多くの地方では、稲は５月頃に田植えをし９月頃に稲刈りをします。新しいネオニコチノイド農薬は、田植え前に苗箱に散布すれば、刈り入れまで殺虫効果が続くように開発されています。

ネオニコチノイドは、地中や水中への残留性が高く、米国環境保護庁（EPA）によれば、土壌に投与されたイミダクロプリドは１年以上残留し、同じ土壌に１年に何回もネオニコチノイドを使用すると、さらに残留値が高まる恐れがあります。食品安全委員会（内閣府）の農薬評価書によれば、イミダクロプリドの水田状態の土壌での半減期は１～ 70 日。畑では 70 ～ 90 日です。作物への残留が高まることが懸念されます。

日本は世界でも有数の農薬大国

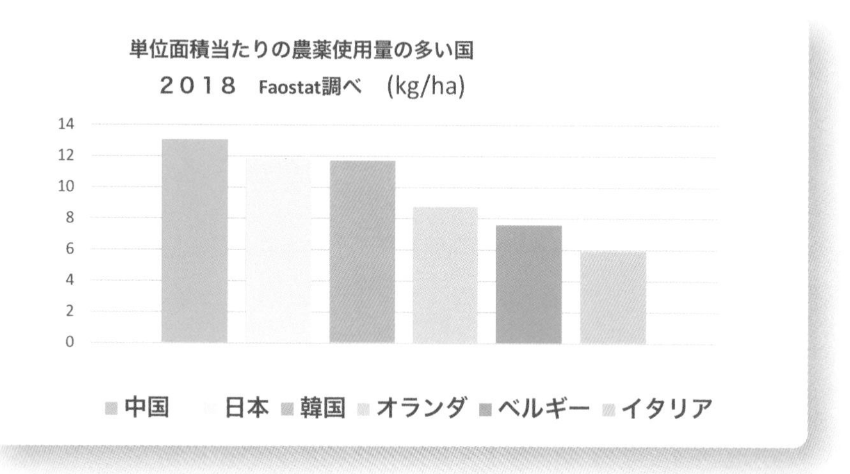

日本は世界でも有数の農薬使用国です。戦後半世紀、世界第１位の農薬大国の時期が続きました。昨今は、中国や韓国の農薬使用量が増え、FAOの統計によれば、2018年時点で日本は単位面積当たりの農薬使用量が世界２位に（2020年以降、中国も日本も順位を下げた）。

どうして、それほど多くの農薬が使用されてきたのでしょうか。農林水産省は「日本は高温多湿なので害虫が多く、農薬が他の国に比べてたくさん必要」と説明しています。そうした思い込みもあり、戦後長らく過剰な農薬と化学肥料に依存する農業が続いてきたのです。

今日では、国内の農家は高齢化と担い手不足により、ますます農薬依存から抜け出すことが難しくなっています。2008年以降、殺虫剤、殺菌剤、除草剤の中で、除草剤の国内出荷金額が殺虫剤を抜いてトップとなりました。水田の畦から水溶性のパック入りの除草剤をポイット投げ入れるだけで、水田全体に薬剤が広がる手間いらずの「ジャンボ剤」が人気です。高齢化した農家には大助かりかもしれませんが、その薬剤の問題は検証されていません。

EUに逆行、日本は残留基準大幅緩和

ＥＵで2013年、予防原則でネオニコチノイド農薬３成分の一時使用中止が決定された前後から、それに逆行するかのように、日本ではこの農薬の使用推進の動きが止まりません。果物や野菜などの農薬残留基準の大幅緩和です。厚生労働省は2013年１月、日本各地でミツバチ大量死を引き起こしたクロチアニジンの残留基準の緩和を提案しました。

１例をあげますと、ホウレンソウはこれまでの３ppmから40ppmへ、カブの葉は0.02ppmから40ppmへと2000倍になりました。新しいホウレンソウの残留基準値、40ppmという値は、子どもが1.5株（約40ｇ）食べただけでも、急性中毒リスクが発生する値であると指摘されているのです。

この異例ともいえる大幅な残留基準緩和案に対し、それを懸念する国民の声が高まり、反対するパブコメ意見は1600件を超し、グリンピース・ジャパンが集めた電子署名では１万人を超える人が反対しました。それにもかかわらず、厚生労働省は国民の声に見向きもせず、常軌を逸した高い残留基準を決定してしまったのです。ＥＵで危険視され、売れなくなった農薬を、これまで以上に沢山、国民の食卓に盛って知らずに食べさせるのです。

この残留基準緩和は、いったい誰のためだったのでしょうか。国民のいのちと農薬企業の利益のどちらが大切だったのでしょうか。

クロチアニジン残留基準（ppm）

	2009年	2015年
かぶ類の葉	0.02	40
こまつな	1	10
きょうな	5	10
チンゲンサイ	5	10
しゅんぎく	0.2	10
パセリ	2	15
セロリ	5	10
みつば	0.02	20
ほうれんそう	3	40

なぜ日本人が6倍も高い？
――急性中毒発症推定量

それにしても不思議なことです。毒物を食べて急性中毒を発症する値が、EUの人と日本人で違うのでしょうか。私たち日本人にとってネオニコチノイド農薬の1成分、クロチアニジン、その急性中毒発症推定値はEUと比べて6倍も高く定められたのです。EUでクロチアニジンが一時使用中止になった直後、厚生労働省は、残留基準の緩和を推し進めただけでなく、これまで決めていなかったクロチアニジンの急性参照用量ARfD（＝急性中毒発症推定量）を定めました。その値は0.6mg/kg体重で、EUの値0.1mg/kg体重の6倍なのです。

欧米人に比べて日本人が、とくに毒物に6倍も強い？　そんなことがあるはずがありません。ＥＵで販売することができなくなったクロチアニジン、本来ならば日本でも使用中止にすべきです。それにもかかわらず、日本は残留基準を大幅緩和しただけでなく、国民が一度に食べても危険ではない限界の値、急性中毒発症量（ARfD）の値まで高く決めたのです。この値を元にすれば、世界でも類を見ないほど高い残留基準値が正当化され、私たち国民の食卓に危ない農薬がたくさん盛られるのです。クロチアニジンが40ppmも残留したホウレンソウを、本当は食べてはいけないのです。

また、2015年以降に登録された第二世代のネオニコチノイド農薬とされるスルホキサフロルの残留基準値も2022年8月に改定されました。一日当たりのスルホキサフロル推定摂取量も改定前のほぼ2倍になり、小麦などにも適用が拡大されたのです。2022年は、EUがスルホキサフロルを屋外使用禁止にした年です。

出典：反農薬東京グループ「てんとう虫情報」2015年281, 282, 286号

高い残留基準は農作物輸出の妨げ
――日本のイチゴを台湾は破棄

日本の農作物の農薬が桁違いに多いことに外国が気づきはじめました。台湾で日本から輸入したイチゴなどの農作物が、同国の残留基準に違反しているとして2013年末から3か月間に39件輸入差し止めとなったのです。その中で違反が最も多かったのがイチゴでした。日本で使用が許可されている農薬の数は、台湾よりはるかに多いだけでなく、残留基準も桁違いに高いのです。たとえばフロニカミドという農薬は、台湾の残留基準値0.02ppmに対して日本は2ppmと、日本の方が100倍も高く、たくさん農薬が入っていてもいいことになっています。農林水産省は農作物の輸出を促進し、輸出額1兆円目標を達成しようと躍起になっています。

その中で、日本の農作物の農薬残留基準が諸外国に比べて高く、使用農薬の数が多いことが輸出の大きな障壁となっています。2023年現在でも、イチゴのアセタミプリドの残留基準は下表と変わらず、日本は3ppm、台湾は1ppmです。農林水産省はHPで、輸出先国・地域の残留基準を踏まえた防除暦を使用した生産の促進をしています。

日本人には高い残留基準のまま、農薬たっぷりのイチゴを食べさせ、輸出向けだけ特別に農薬を減らして生産・輸出させるのです。それで本当によいと言えるのでしょうか。

台湾輸出の超過事例（2010.04－2015.02）

有効成分名	違反数	残留農薬基準ppm	
		日本	台湾
シフルメトフェン	9	2	0.02
フロニカミド	5	2	0.02
ピメトロジン	1	2	0.01
アセタミプリド	1	3	1
エンドスルファン＊	1	0.5	0.01

＊登録失効農薬で有機塩素系
農研機構資料より一部抜粋
（輸出促進戦略と植物防疫　シンポジウム資料平成28年より）

日本のイチゴができるまで

傷一つない真赤でおいしそうなイチゴ。日本の果物は美しいと世界でも評判です。それは長年品種改良を積み重ね、栽培方法も高度に管理され、しかも、激烈な産地間競争をくぐりぬけて高い品質が保たれているからです。しかし、このように高品質なイチゴを作るために、どれだけたくさんの農薬が使われているのか、私たちは知りません。

下表のイチゴの防除暦は、全国各地の生産地の1例にすぎませんが、もしもこの防除基準上限回数の農薬を使用すれば、散布する殺菌剤と殺虫剤の合計は89回です。その他に、土壌処理剤なども使われます。防除暦は地域によって多少違いますが、これほど多くの農薬が入ったイチゴを私たちは食べているのです。しかも、それらの農薬のほとんどが収穫前日まで使用できるということは、輸送の際に虫に食われないためでしょうが、イチゴを食べる時まで残留している可能性もあります。

令和4年いちご病害虫防除基準　某JA

農薬　製品名	回数	農薬　製品名	回数
育苗1か月前		育苗期から生育期まで	
ゲッター水和剤	3	マラソン乳剤	5
育苗期		チェス顆粒水和剤	3
オーソサイド水和剤	5	ウララ DF	2
ゲッター水和剤	3	モスピラン顆粒水和剤	2
ペルクートフロアブル	5	アーデント水和剤	4
定植期		ディアナ SC	2
ベストガード粒剤	1	カスケード乳剤	3
育苗期から生育期まで		アタブロン乳剤	3
ロブラール500アクア	4	グレーシア乳剤	2
フルピカフロアブル	3	ファインセーブフロアブル	3
セイビアーフロアブル20	3	マイトコーネフロアブル	2
アフェットフロアブル	3	ダニサラバフロアブル	2
ベルクート水和剤	5	コロマイト水和剤	2
トリフミン水和剤	5	スターマイトフロアブル	2
カリグリーン	―	ダブルフェースフロアブル	1
アミスター20フロアブル	4	フェニックス顆粒水和剤	2
パンチョTF顆粒水和剤	2	ゼンターリ顆粒水和剤	―
ベストガード水溶剤	3	回数は散布回数の上限/―制限なし	

3

こわれる生態系
消えるトンボや鳥

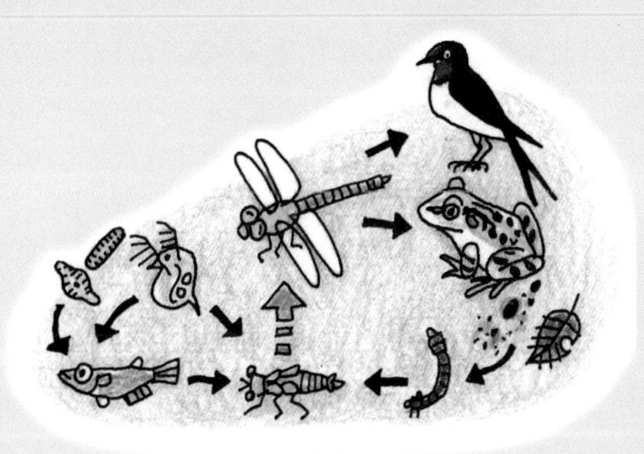

生態系の崩壊を加速

イラスト：安富佐織

農村生態系の多様な生物

植物	珪藻、イネ、野菜類、その他の草、さまざまな樹木
昆虫	チョウ、ガ、トンボ、コガネムシ・カミキリムシなどの甲虫、セミ、ハチ、イナゴ、カメムシなど
水生昆虫	ユスリカ、ヤゴ、ゲンゴロウ*、ホタルなど
水生生物	タニシ*、モノアラガイ*、サワガニ、ドジョウ、メダカ*、モロコ*、ギンブナなどの魚類
爬虫・両性類	カエル(オタマジャクシ)、トカゲ、ヘビなど
鳥類	シギ、チドリ、サギ、オオタカ *、フクロウ、スズメ、ツバメなど
哺乳類	ネズミ、タヌキ、イタチ、テンなど
土壌生物	ミミズ、ダニ類、細菌類、カビ類 、コガネムシなど甲虫類の幼虫やセミの幼虫など

＊絶滅危惧種

生態系は、太陽エネルギーを利用し、植物や動物を含む生物とそれを取り囲む土壌、空気、水などが互いに密接な関係を維持しながら、生物の多様性を安定的に保っています。

●農村生態系――生物多様性の喪失が進行中

農村には水田、畑、雑木林、草地、ため池、用水路などの多様な環境が含まれ、各々が生態系を形成していますが、これらすべてで農村生態系を形成しています。そして、水田には多様で数多くの生物が存在し食物連鎖によって複雑に結びついています。近年、慣行田（通常どおりに農薬を使う水田）では、ゲンゴロウやタガメ、タイコウチなどの大型の水生昆虫が見られなくなっています。

農薬は、病害虫だけでなくミツバチなどのポリネーターやトンボなどあらゆる昆虫そして鳥類へ影響を及ぼします。例えばフィプロニル（39ページ参照）はトンボに影響を与え、また、ネオニコチノイドは昆虫だけでなく、水溶性と残効性を持つため土壌や河川を汚染し、そこに生息する多様な生物にも深刻な影響を与えています。

農村ではすでに多種類の農薬が使われてきましたが、ネオニコチノイドはさらにその危害を加速すると考えられます。農薬によって、生物の個体数が減ったり絶滅したりすれば、食物連鎖を通じて他の生物も減少したり絶滅したりして、どんどん多様性の貧弱な生態系になってしまうのです。

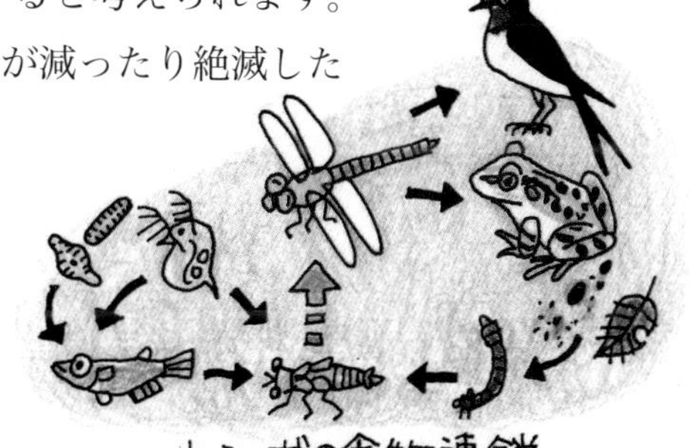
トンボの食物連鎖

水田で使われるネオニコチノイド
——消えるトンボ

稲の育苗箱施用に使われる危険なイミダクロプリドやフィプロニル

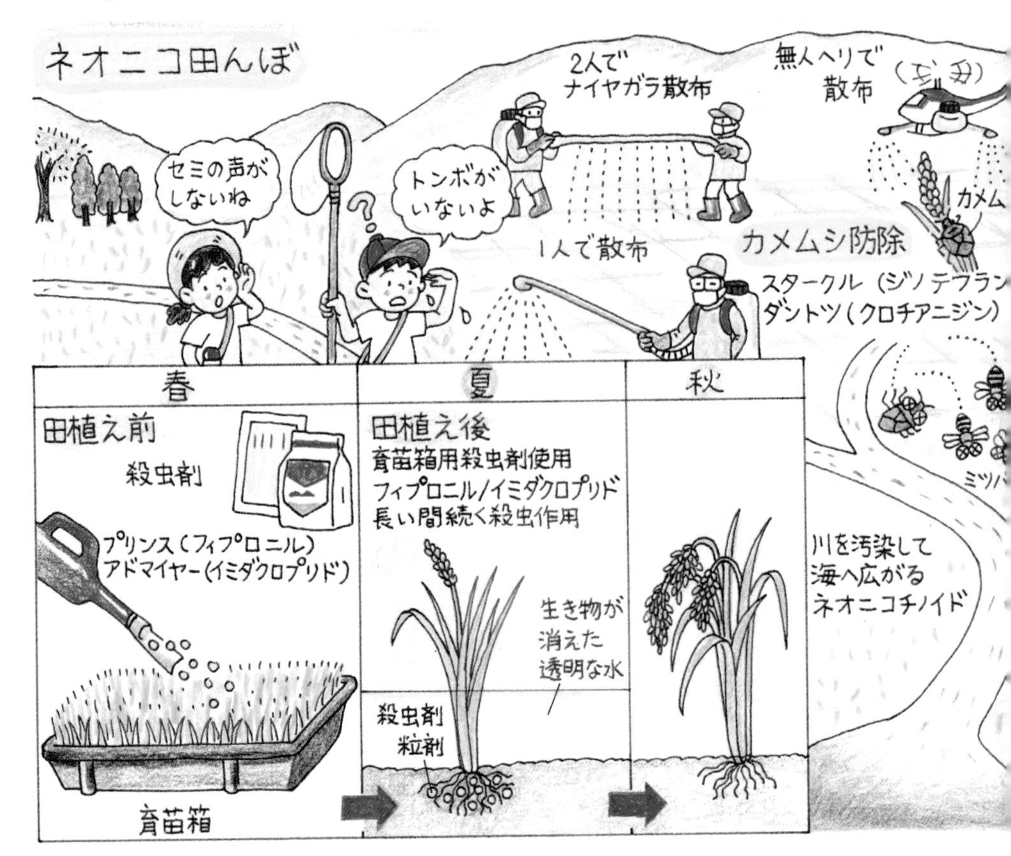

コメ作りの第一歩は、春、田植え前の苗作りです。病害虫に負けない苗作りが収量や品質を大きく左右します。近年日本の稲作では、機械移植に対応した箱に苗を植える育苗箱が広く普及しています。その際、育苗箱用の殺虫剤としてイミダクロプリド（ネオニコチノイド農薬）やフィプロニル＊の粒剤が多用されています。

これら薬剤は驚くほど効き目があり、それを使用した田んぼでは、イネが青々と成長する夏でも水が澄みきり雑草も生えず、全く生き物の気配さえ感じられなくなります。一方、無農薬の田んぼでは雑草が茂り、ミジンコやユスリカの幼虫などの生き物が濁った水の中で動きまわっています。

イラスト：安富佐織

●ヤゴの死——消えるトンボ

育苗箱用の殺虫剤が、2000年頃から全国の水田で使われ始めました。その頃から国立環境研究所の研究員らは、アキアカネの幼虫（ヤゴ）が大きく減少しただけでなく、水田に生息する水生生物など多くの有用な生物が死滅した原因がイミダクロプリドやフィプロニルにある、と育苗箱用殺虫剤の危険性を警告しています。

●カメムシ防除

夏の終わりから秋には、実ったイネの穂につくカメムシを防除するために、ネオニコチノイド農薬（スタークル：成分ジノテフラン、ダントツ：成分クロチアニジンなど）が無人ヘリコプターやナイアガラ方式などで散布されています。これは主にカメムシ防除をすることで、米の等級を下げる斑点米の数を減らすのが目的ですが、この時期の散布によって日本各地でミツバチが大量死しています。

＊フィプロニル：新しい系統の殺虫剤。ネオニコチノイド系ではないが、同じく浸透性のフェニルピラゾール系。フランスでミツバチ大量死の原因として使用禁止。

広がるドローンによる農薬散布

●無人ヘリコプターからドローンに

日本の空を約2800機の無人ヘリコプターが縦横に飛び交い、農薬の空中散布を行っていたのは2017年前後です。その後は農家の高齢化や農業従事者の減少に対応するために、ドローン（無人マルチローラー）の活用が農業分野で急速に拡大しています。

ドローンは農薬散布だけでなく、肥料散布、播種、受粉、農作物運搬、ほ場センシング、鳥獣被害対策など広い分野で活用され始めました。

国は2019年、「農業用ドローン普及計画」によりドローンによる農薬散布面積を100万haに拡大する目標を設定しました。すでに2018年から2020年までの数年間に散布面積は約4倍に増えました。

●ドローンに適した農薬数の拡大

農業用ドローン普及計画ではドローンでの散布に適した農薬数を200剤に拡大する目標を設定しましたが、2022年までに登録された農薬は404剤に上りました。

すでに中山間地でドローンによる肥料散布の実証実験が行われ、これまで動力噴霧器を用いて30分から60分かかった散布が、ドローンではわずか10分で作業完了しました。省力化にドローンは多大な貢献がありますが、使用される農薬の安全性はどこまで検証されているのでしょうか。

水稲の播種についても、メーカーや先進的な経営体によって、ドローンによる水稲の直播実証実験が進んでいます。ある農業法人が2021年度に行った水稲の直播実験では、散布されるコーティング種子は、べんモリコーティング種子（酸化鉄とモリブデン化合物によるコーティング）、リゾケアコーティング種子（過酸化カルシウムと殺虫殺菌剤によるコーティング）、鉄コーティング種子（鉄粉等をコーティング）でした。

私たち日本人が食べるお米は、播種の段階から消費者には何もわからないさまざまな化学物質で覆われているのです。

農業でのドローン活用分野

水稲の直播
農薬などでコーティングした
種子を散布

鳥獣対策
シカやイノシシなどの生息地域
生息数、行動などを把握

受粉
リンゴなどの品種で授粉
花粉溶液散布

農作物の運搬
高齢化した農家にかわり
収穫した農作物を集荷場に運ぶ

ほ場センシング
作物の生育状況、病害虫
雑草などの発生を撮影、データ化
異常株の早期発見

肥料・液肥散布
中山間地での肥料散布により
労働力削減

鳥を守るためにネオニコチノイド削減

羽ばたきを見せるトキ（写真／佐渡市民）

鳥を守るために多くの自治体がネオニコ削減に動き出しました。新潟県では、2018年からJA佐渡が、販売する米すべてをネオニコチノイド農薬不使用に切り替えました。トキの舞う島として「生きもの育む農法（生物多様性農業）」を積極的に取入れ、生きものに溢れる田んぼに生まれ変わりました。

一方、兵庫県豊岡市では2000年前後から農薬の不使用や削減、化学肥料の栽培期間中の不使用など、コウノトリを育む農法を実践しています。また、福井県の越前市でもコウノトリの野生復帰をめざして、市が率先して環境保全型農業を推進しています。

田んぼで餌をついばむトキ（写真／笹野正光）

ネオニコチノイドで減少する生物

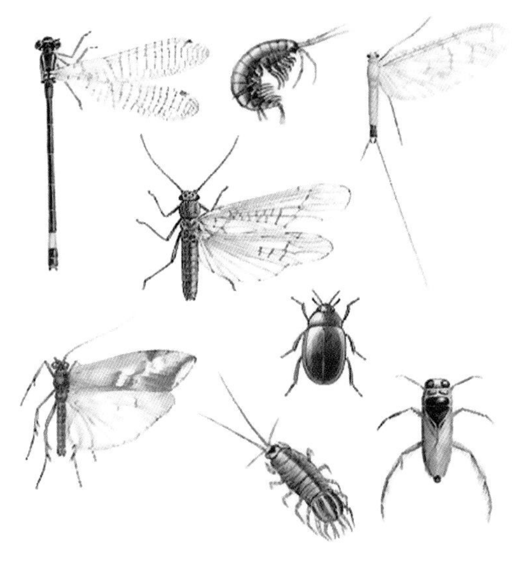

オランダのユトレヒト大学では、ネオニコチノイド農薬の水系の生物への危険性の懸念がひろがり、4009種類もの生物種について、イミダクロプリドとの関連について調査が実施されました。

その結果、水系のイミダクロプリド濃度が上昇すると、生物多様性が減少することが明らかになりました。エビ・カニ、カゲロウ、ダンゴ虫、ヤゴ、ヤドカリなど多くの生物が減少し、一方で増えたのは一部のダニ類でした。

米国鳥類保護協会（American Bird Conservancy）

ABCは2013年、ネオニコチノイド農薬が鳥類に及ぼす影響について報告書を出しました。しかし、2023年同協会は、ネオニコチノイド農薬の鳥類への危険性を示す証拠がこの10年で蓄積しているにも関わらず、アメリカでのこの農薬の使用も規制もほとんど変わっていないと、危機感を表す報告書をまとめました。

▽イミダクロプリドで種子処理（消毒）された種は1粒でも、普通のサイズの鳥に致死的影響がある。（クロチアニジンやチアメトキサムでは数粒）

▽ネオニコは残留性が強いので、種子処理（消毒）された種を食べる鳥類の生殖に影響する。

▽ネオニコは数多くの野生生物の免疫系を抑圧することにより、さまざまな病気をもたらす。

米国鳥類保護基金がまとめた報告書

レイチェル・カーソン著『沈黙の春』（新潮社）

レイチェル・カーソンの『沈黙の春』が現実に

今から60年以上前の1962年、環境汚染に警鐘をならした世界的名著、米国のレイチェル・カーソンの『沈黙の春』が出版されました。その第8章「そして、鳥は鳴かず」には次のような文章があります。

「鳥がまた帰ってくると、ああ春が来たな、と思う。でも、あさ早く起きても、鳥の鳴き声がしない。それでいて、春だけはやってくる」

今、日本の各地でこのような状況が現実になってきています。長崎県のニホンミツバチ養蜂家の久志冨士男さんは『虫がいない　鳥がいない』（高文研）の中で、九州各地で虫だけでなくスズメなどの鳥が、急速に姿を消していることを世間に知らせました。

久志冨士男著『虫がいない鳥がいない』（高文研）

『沈黙の春』の中には、さらに次のような言葉があります。

「毎年毎年ＤＤＴが撒布されるようになると、町からはコマツグミ、ホシムクドリが姿を消したのです」「今年は、ショウジョウコウカンチョウも来なくなりました」

そして、カーソンは「子ども達に鳥は殺されてしまったのよ、と説明するのに骨を折りました」といいました。

鳥が殺虫剤のために大打撃を受けたのは、半世紀前のアメリカです。その状況は今日の日本そのものです。違うのは、その当時使われていたのはＤＤＴなどの有機塩素農薬で、現在はネオニコチノイド農薬であることだけです。農産物を食い荒らす害虫を標的にして開発された農薬が、無差別にヘリコプターなどで空から散布され、大切な虫や鳥たちを消し去っています。

無駄だったカメムシ防除のネオニコ散布
――1等米のために強要されてきた農薬散布

私たち消費者がふつうに食べているお米には、わが国では等級制度が設けられています。カメムシに吸汁されて茶褐色になった斑点米が、1000粒の中に1粒だと1等米になり、2粒以上入っていれば等級が下がり値段が下がる仕組みになっています。農家はそのために長年、より値段の高い1等米を作ろうと、カメムシ防除の農薬散布を続けてきました。そして近年、イネの穂が出る頃の農薬散布にネオニコチノイド農薬が使われ、それが日本各地でミツバチ大量死の大きな原因となってきたのです。

ところが、斑点米を減らすための農薬散布は、以前より必要がなくなっていたのです。色彩選別機という機械があり、それを使えば褐色の米は簡単に取り除けるので、消費者の元にお米が届くときには斑点米はありません。お米の等級制度によって値段の差をつける意味は、まったくなかったのです。

このような事情で、無意味な農薬散布が数十年におよび行われ、ミツバチだけでなく、多くの有用な生き物が日本の農地から消えました。この制度は半世紀以上も前の1951年にできたものですが、2018年、ようやく農水省は、このコメの等級制度、農作物検査見直しの検討をはじめました。同省は2022年、コメや麦などの農産物検査の仕組みを見直し、これまでの見た目を重視する検査に重きを置いた1等、2等といった「等級」を、新しい品質の鑑定の方法（アナログ：目視からデジタル：機械検査に）により「数値」での評価を併用して運用することにしました。でもそんなことより、栽培の過程で、使った農薬を示してほしいものです。

嘘で固めた半世紀
松くい虫防除の農薬空中散布効果データはねつ造!

全国各地で松枯れが止まりません。その原因として、大気汚染説などさまざまな原因説があげられてきましたが、その中でも松くい虫原因説に基づき、この40年間、全国の松林に農薬空中散布が続けられてきました。松くい虫原因説とは、マツノザイセンチュウがマツノマダラカミキリの体の中に入り、松の中に入って松を枯らすというもので、マツノザイセンチュウを殺すために農薬散布が行われているのです。

そもそも松枯れ防除のための農薬散布は、1977年第80回国会で「松くい虫防除特別措置法」が成立してから始まり、今年で46年目になります。ところが、77年の法律制定当時、朝日新聞は9月13日、松くい虫空中散布に効果があるというデータはねつ造であったことを報道し、当時の農水大臣は国会でそれを認めて陳謝しているのです。それにもかかわらず、40年以上前の嘘の根拠に基づき、今でも全国で空中散布は続けられているのです。

ところが、農薬散布の効果より住民の健康被害の方が大きいのではないかとの声が近年各地であがっており、農薬空中散布中止を求める住民運動が活発になっています。とくに長野県では、多くの保育園児らが農薬空中散布直後に体調が悪くなり、異常な行動が見られたと報告され、長年の慣行事業の意味が今日あらためて問われています。松枯れ防止に効果がないだけでなく、子どもの健康にも影響する農薬空中散布を一刻も早く中止するべきです。

国定公園で生き物激減

農薬の空中散布が、大切な生き物に大きな打撃を与えています。米国では、ハワイ、アイダホ、オレゴン、ワシントンの野生生物保護地域では、ミツバチへの影響がある農薬の使用を期限つきで禁止しました。一方日本の農林水産省は、2014年ついにミツバチ大量死の原因がイネのカメムシ防除の農薬であることを認めたにもかかわらず、どの農薬が原因か不明であるとしており、また、2013年から3年間行ったミツバチ被害事例調査の結果、ミツバチ大量死の被害が発生した巣箱は全体のごくわずかなので、農薬を規制する必要はないと結論づけました。

それでも、各地で貴重な生き物が急速に姿を消しています。秋田県男鹿市の国定公園では、近隣で松枯れ防除の薬剤がネオニコチノイド農薬に変更されてから、貴重な生物が激減したとの調査報告がまとめられました。国定公園に隣接する農地では、カメムシ防除の散布も行われており、下記の図のような貴重な生物が姿を消したのです。

松を守ろうと農薬をまき散らし、大切な生き物を殺してしまう。樹木と生き物のどちらが大切なのでしょうか。それは、あらためて私たちに問われている問題なのです。

左上●アケビコノハ
右上●シロシャチホコ
左下●アオバセセリ
右下●トドモンオオエダシャク

写真提供：男鹿の自然を考える会

国際自然保護連合（IUCN）
ネオニコチノイド・フィプロニルの生態系への影響に警鐘！

国際自然保護連合（ＩＵＣＮ）の浸透性農薬専門家グループは、2000年より４年の歳月をかけ、世界中で発表されたネオニコチノイドなどの浸透性農薬に関する800編以上の論文を精査し、現在世界で使用されているそれらの農薬が、予想もできない生態系への悪影響、しかも不可逆的な影響をもたらす恐れがあると結論づけました。2014年、それをまとめて報告書を発表したのです。

すでに、環境中のこれら農薬の濃度は、陸上、水中、湿地、海洋などの生き物の生息地で、幅広い非標的生物（もともと殺す目的ではなかった生物）に悪影響を与えるに十分な水準に達しているとしました。もちろん、農業にとって有用なミツバチなどのポリネーター（授粉昆虫）にも深刻な被害を与え、生態系を危険にさらしているのです。

これまでにたくさんの研究が発表されましたが、例えばネオニコチノイドやフィプロニル投与によって、ニワトリのヒナの行動が異常になり、スズメは協調運動ができず飛行不能になる可能性も指摘されたのです。

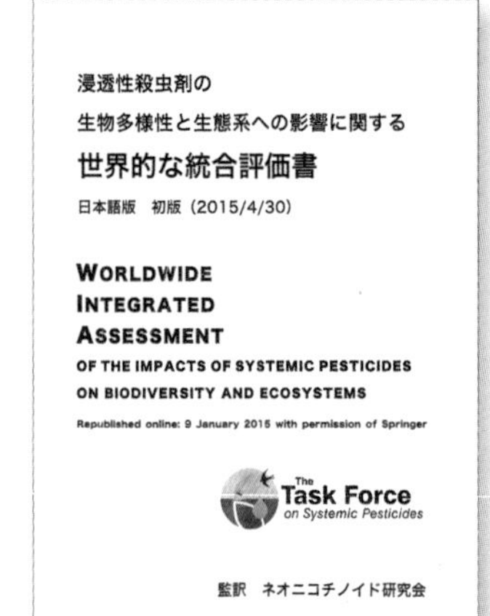

また、カエルはネオニコチノイドによってＤＮＡの損傷を受け、メダカの成魚も稚魚も成長が低下するのです。

出典：原題 Worldwide Integrated Assessment of the impact of systemic Pesticide in Biodiversity and Ecosystems.（雑誌 Springer Journal. Environmental Science and Pollution Research.

日本語版：「浸透性殺虫剤の生物多様性と生態系への影響に関する世界的な統合評価書」（邦訳：ネオニコチノイド研究会 2015年）

4

神経を狂わせる
ネオニコチノイド

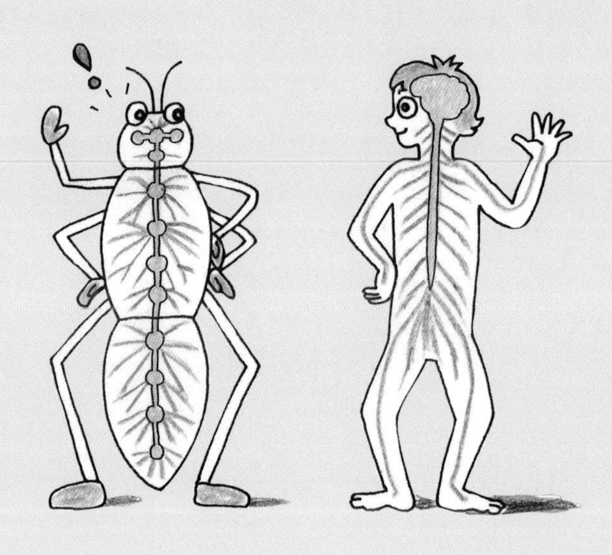

神経を狂わせるネオニコチノイド

ネオニコチノイド系・有機リン系農薬は神経伝達を狂わせる

アセチルコリンによる神経伝達のメカニズム

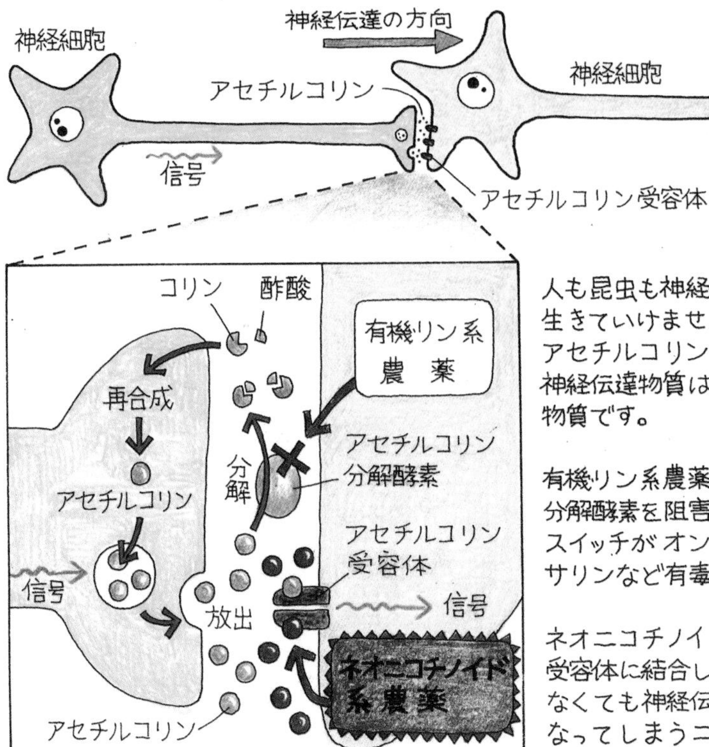

人も昆虫も神経伝達が正常に働かないと生きていけません。
アセチルコリンやグルタミン酸などの神経伝達物質は、神経伝達を担う重要な物質です。

有機リン系農薬はアセチルコリンの分解酵素を阻害するので、神経伝達のスイッチがオンになりっぱなし。
サリンなど有毒な神経ガスと同じ作用。

ネオニコチノイドはアセチルコリンの受容体に結合し、アセチルコリンがなくても神経伝達のスイッチがオンになってしまうニセ神経伝達物質。

イラスト：安富佐織

●ネオニコチノイドの作用は？

ネオニコチノイドは、昆虫や人の神経系で重要な働きをしているアセチルコリンという物質の正常な働きを攪乱します。アセチルコリンが受容体に結合すると信号のスイッチがオンになり、次の神経細胞に信号が伝達されます。

図に示すように、ネオニコチノイドはアセチルコリンの結合する受容体*に結合して、アセチルコリンがないのに神経伝達のスイッチをオンの状態にして、異常興奮を起こすニセ神経伝達物質なのです。一方で、有機リン農薬は、アセチルコリンの分解を阻害して、不必要なアセチルコリンが蓄積し、正常な神経伝達ができなくなるので、両方に曝露すると低用量でも複合影響で毒性が高くなる可能性があります。

●ミツバチ以外の昆虫や多様な生物も大量死？

アセチルコリンは昆虫類すべての脳で主要な神経伝達物質です。その受容体も良く似ているため、ネオニコチノイドは、害虫だけでなく、ミツバチなど生態系に重要な昆虫にも毒性があるのです。

ミツバチはネオニコチノイドに低用量でも曝露すると、脳の働きが狂い、方向性を失い巣に戻れなくなると考えられています。またアセチルコリンとその受容体は、単細胞生物から高等動物に至るまで重要な生理活性物質であるので、昆虫だけでなく多くの生物を含む生態系への影響が懸念されます。

＊アセチルコリンが特異的に結合する受容体には、ニコチン性受容体とムスカリン性受容体の２種類がありますが、この本では、アセチルコリン受容体はニコチン性受容体を示しています。

ネオニコチノイド農薬「無毒性量」でも不安行動…

星　信彦（神戸大学大学院教授）

そこには衝撃的な1匹のマウスがいた。クロチアニジンというネオニコチノイド系農薬（ネオニコ）の一種をたった1回、それも極めて少量与えただけなのに、今までいたケージから新しい環境へ移したとたん、鳥のさえずりのようにピッピッピッピッとかん高い啼き声をあげている。その農薬の量は、食品安全委員会が有害な影響が出ないとしている「無毒性量」だというのに、たった1回飲んだマウスたちは、不安で不安で、壁の無い通路を前に進めないでいる……。見た目では他のマウスと何も変わらない。一体何が起きているのだろうか[(1)]。図は2021年11月6日にTBS報道特集で『最も使われている殺虫剤 ネオニコ系

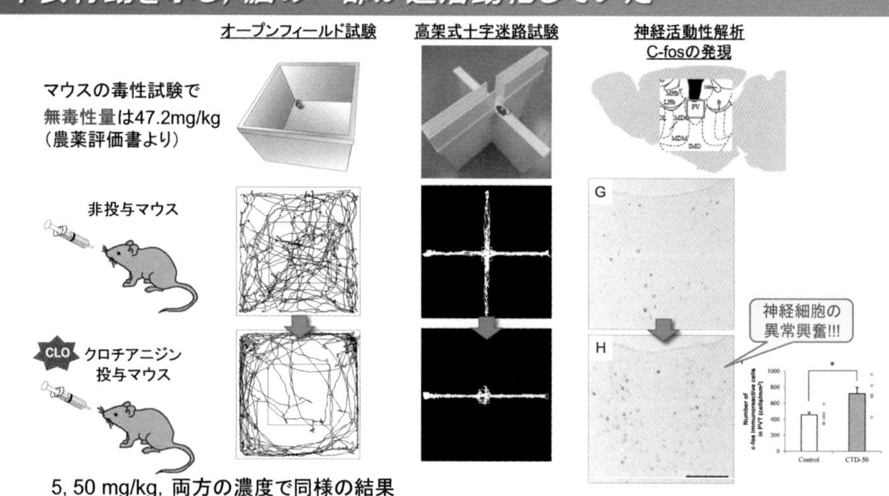

農薬 ヒトへの影響は』で全国に放映されました。(無料 YouTube サイト https://www.youtube.com/watch?v=0J1T-MO3t5U で視聴できます)

≪「農薬」のヒトでの安全性は一度も確認されていない！≫

医薬品も農薬も人に摂取されることが前提ですが、医薬品は実験動物と人とで安全性試験があるのに対し、農薬は動物でしか試験ができません。なぜなら、農薬は『毒』だから1964年に発せられたヘルシンキ宣言での「人体実験の禁止」に違反してしまうのです。

人間で試験できないのですから、農薬は出荷・使用されてから初めて「ヒトへの影響」が分かる化学物質であり、我々は今、農薬の「人体実験」を受けているようなものなのです。農薬の安全基準は、動物に投与しても毒性がみられない「無毒性量」が根幹となり、その数値から食品に残留する基準値や一日摂取許容量を決めています。でも、その「無毒性量」が無毒性量ではなかったら……私たちが明らかにしたことは、TBSでも放映されたように現行の無毒性量では、ちょっとした環境の変化で不安になって、マウスが声に出して啼いたり、異常行動をとるのです。とくに思春期のマウスではこの障害が大きく出ます。昔の農薬と違い、呑んで死ぬようなことはないですが、障害が目に見えにくいのです(2)。

ネオニコチノイド系農薬を排除する自治体や団体も増えており、無農薬／有機農業への期待・需要は益々高くなっています。農薬だけでなく、その他の環境化学物質による環境や健康被害を受けないためにも、新しい農業の形を考え、農薬との付き合い方を見直すときが来ているのではないでしょうか。

出典 (1) Hirano T, Hoshi N, et al. Toxicol. Lett., 2018
(2) Hoshi N. In: Risk and Regulation of New Technology. Springer, 2021

生活の中にあるネオニコチノイド

ネオニコチノイドと浸透性農薬の用途と商品名（成分名）

林　業

松枯れ防除

マツグリーン液剤２（アセタ）
エコワン３フロアブル（チアク）
アトラック液剤（チアメ）
モリエートSC（クロチ）
モリエートマイクロカプセル（クロチ）
トレボンスターフロアブル（ジノテ）
スタークル液剤（ジノテ）

ガーデニング

花・芝生

ベストガード水溶剤（ニテン）
アースガーデンC（イミダ）
タフバリアフロアブル（イミダ）
イールダーSG（アセタ）
カダン殺虫肥料（アセタ）
モスピラン液剤（アセタ）
ベニカXファインスプレー（クロチ）
フルスウィング顆粒水和剤（クロチ）

農　業

イネ・果物・野菜

ダントツ粒剤（クロチ）
ベストガード粉剤DL（ニテン）
アドマイヤー水和剤（イミダ）
モスピラン水溶剤（アセタ）
アルバリン粉剤DL（ジノテ）
プリンス箱粒剤（フィプ）
クルーザーFS30（チアメ）
アクタラ箱粒剤（チアメ）
スタークルL粉剤（ジノテ）
ハスラー粉剤DL（クロチ）
トランスフォームフロアブル（スルホ）
ビレスコ顆粒水和剤（スルホ）
パダンベスト粒剤（ニテン）
スターガード（ジノテ）

家

シロアリ駆除・建材

ハチクサンFL（イミダ）
アジェンダSC（フィプ）
タケロック8W乳剤（クロチ）
白アリミケブロック（ジノテ）
ミケブロック（ジノテ）
オプティガードSS（チアメ）
フマキラーグレネードMC（フィプ）

※ネオニコ商品には、各成分とも箱粒剤、粉剤、水溶液、液剤など各種あり、上記は一例です。

※フィプロニルはネオニコチノイド系ではありませんが、同じく浸透性を持ち、似た特徴があります。

家庭用

殺虫剤

コバエとり戦用無敵ガエル(ジノテ)
ボンフラン（ジノテ）
ムカデコロリ（ジノテ）
ゴキファイター（フィプ）
コバエドーム（クロチ）

ペット

ペットのノミとり

アドバンテージプラス（イミダ）
フロントライン（フィプ）
フォートレオン（イミダ）

ネオニコチノイド７種、フィプロニルを含む家庭用・業務用殺虫剤製品リスト

製品名	原体名
マックスフォース クァンタム	イミダ
フルスター粒剤S	クロチ
フルスウィング	クロチ
Wトラップコバエとり	ジノテ
アリの巣コロリつぶジェルスプレー	ジノテ
アリの巣徹底消滅中	ジノテ
コバエがホイホイ	ジノテ
コバエがポットン	ジノテ
コバエキャッチャー 植木鉢用	ジノテ
スーパーアリの巣コロリ	ジノテ
ヘキサチン コバエとり	ジノテ
ミサイルジェルD	ジノテ
アリキックベイト	ネオニ
虫コロパーM	ネオニ
虫コロパーベイト	ネオニ
アリアトールハウス	フィプ
アリカダン ウルトラ巣のアリ退治	フィプ
アリ用コンバットα	フィプ

製品名	原体名
アルゼンチンアリ ウルトラ巣ごと退治	フィプ
アルゼンチンアリ 巣ごと退治液剤	フィプ
ウルトラ巣のアリフマキラー	フィプ
カダンアリ全滅 シャワー液	フィプ
グリアートフォルテ	フィプ
ゴキブリベイト剤	フィプ
コンバット お外用	フィプ
コンバット スリム	フィプ
コンバット ハンター	フィプ
コンバット ミックス	フィプ
ブラックキャップ	フィプ
ブラックキャップ マルチスリム	フィプ
ブラックキャップ ワン	フィプ
ワイパアワン	フィプ
ワイパアワンG コーナー用	フィプ
巣のアリ退治　液剤	フィプ

◆「日本家庭用殺虫剤工業会」「日本防疫殺虫剤協会」「生活害虫防除剤協議会」のウェブサイト、農林水産省安全技術センター「農薬登録情報提供システム」（http://www.acis.famic.go.jp/searchF/vtllm001.html）参照

アセタ：アセタミプリド　イミダ：イミダクロプリド　ニテン：ニテンピラム
チアク：チアクロプリド　クロチ：クロチアニジン　フィプ：フィプロニル
チアメ：チアメトキサム　ジノテ：ジノテフラン　ネオニ：ネオニコチノイド系
スルホ：スルホキサフロル

家の中もネオニコチノイドだらけ

イラスト：安富佐織

業界の戦略にだまされないで！

殺虫剤のマイナスイメージを払拭しようと、「殺虫剤」を「虫ケア用品」と呼び名を改めました（2018 年）

●新しいシックハウスの原因に？

新築の家に引っ越してまもなく体調が悪くなるのは、合板、合板フローリング、壁紙、壁紙接着剤などに使用されるVOC*によるシックハウス症候群が原因のことがあります。実は、家の中にはまだ危険がいっぱいあります。住宅建材や木材保存の分野でも、ネオニコチノイド系薬剤は10年位前から「より安全な薬剤」として推奨されるようになりましたが、本当に「安全」なのでしょうか。

＊VOC：揮発性を有し大気中で気体状となる有機化合物の総称（国民会議ニュースレター63号「建材とネオニコチノイドの問題」参照）

●さまざまな住宅建材とネオニコ

住宅建築時には、木材建材（合板）、断熱材、土壌処理剤などが多用されます。例えば、土壌処理剤として床下のシロアリ駆除の目的で、ネオニコチノイドのハチクサン（成分：イミダクロプリド）、タケロック（成分：クロチアニジン）などが使われています。

また、大手プレハブ住宅のパネル工法などでは、ネオニコチノイド薬剤を断熱材に浸み込ませる、建材の表面に塗る、接着剤に混ぜるなどの方法で使われています。合板などの防虫剤としてもネオニコチノイドが使用されています。

長年、シロアリ駆除剤として多用されてきた有機リン系薬剤のクロルピリフォス（成分名）を含んだ薬剤は、その毒性が表面化し、シックハウス症候群への対策として2003年に禁じられました。新しく使用されているネオニコチノイド薬剤は、すでに室内の空気からも検出されていますので、今後とも注意が必要でしょう。

ネオニコチノイドは人には安全？

昆虫と人の神経系の基本は同じ

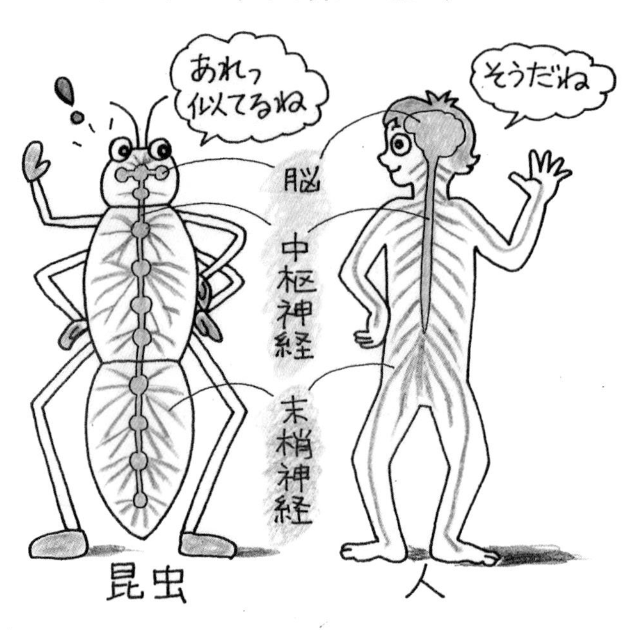

1. 両方とも中枢神経と末梢神経があります。
2. アセチルコリンは両方に重要な神経伝達物質です。
3. アセチルコリンは昆虫の中枢の主要な神経伝達物質です。
人ではアセチルコリンは自律神経、末梢神経に多いですが、
中枢神経でも重要な働きをしていることがわかっています。

イラスト：安富佐織

●人へも影響！

ネオニコチノイドは人には毒性が低く安全と言われていますが、本当でしょうか？　アセチルコリンと受容体は人の自律神経や末梢神経だけでなく、脳で記憶や学習、情動などにも重要な働きをしています。その上、免疫系や脳の発達にも重要な働きをしていることが分かってきています。ネオニコチノイドは、哺乳類アセチルコリン受容体への結合性は昆虫類に比べて弱いとされていますが、肝心のヒト受容体を介した神経毒性は十分強いことが証明されています（Li et al, 2011)。

確かに昆虫が死ぬ濃度では人は死にませんが、実際に人でネオニコチノイドによるニコチン様中毒例も報告されています。

●子どもにも有害なニコチンと類似

最近では、ネオニコチノイドが哺乳類の神経に対し、ニコチン様の作用を及ぼすという研究報告が多く出てきています。

ニコチンの毒性は近年明らかとなり、特に胎児・小児では低用量でも多様な発達毒性が確認されています。ネオニコチノイドがニコチンと似た作用をするので、低用量でもその影響は大きいのです。喫煙が未成年者に禁止されている理由もここにあります。

農薬の毒性試験では、脳の高次機能に関わる発達期神経毒性や複合毒性などは調べられていないだけに、ネオニコチノイドの人への毒性だけでなく、有機リンなど他の農薬との複合影響も心配されます。

ネオニコチノイド系農薬による母性行動の継世代影響

星　信彦（神戸大学大学院教授）

ネオニコチノイド系農薬（ネオニコ）は、昆虫のニコチン性アセチルコリン受容体に高い親和性を持ち、哺乳類には毒性が低いとされて市販されました。しかし、現行の無毒性量以下のネオニコが鳥類・哺乳類の生殖器系や神経系へ悪影響を及ぼすことや、ネオニコの一種であるクロチアニジン（CLO）とその代謝物が極めて迅速に母子間移行すること、ならびにCLOが母体内で代謝・濃縮され、迅速に母乳中へ移行することが明らかにされました。さらには日本人の成人、子供や新生児から有機リン系やピレスロイド系に加えてネオニコが検出されることから、多世代・継世代（孫・曾孫以降）影響を考慮したネオニコの毒性のリスク評価が求められています。

≪ネオニコで育子放棄が増加≫

胎子・授乳期でのネオニコばく露によって継世代的に食殺や育子放棄が増加し、母性行動の変化がみられました[(1)〜(3)]。この原因の一端としてオキシトシン*およびプロラクチン**の分泌減少が示唆されています。同じ受容体に結合するニコチンの場合、タバコの煙によってラットのオキシトシンが減少し、オキシトシンは母性行動と密接な関係があります。さらに、プロラクチンは神経回路を活性化することで養育行動を生み出すため、正常な母性行動にはオキシトシンとプロラクチンの十分な分泌が重要です。また、親による不十分な養育を受けた産子は、将来の養育行動を怠ることも知られています。しかし、ネオニコばく露によって両ホルモンの分泌が減少し、母性行動が損なわれることが我々の研究で明確にされました。

そこで私たちは、ネオニコがオキシトシンおよびプロラクチンなどの母性行動に関連するホルモン分泌機構と、分娩前の巣作り行動や分娩後の産子のリトリービング（子を巣に連れ戻す）試験から、母性行動を評価し、さらに、その変化が継世代的に引き継がれるのか検証しています（次頁図参照）。ヒトにおける妊娠中のタバコの影響に関しては多くの研究がありますが、ネオニコでもオキシトシン、プロラクチン、そしてプロゲストロン***分泌減少が養育行動の低下を誘発します。また、親から不十分な養育を受けた産子は将来

本実験（進捗状況　産子のリトリービング試験）

（暗期での撮影のため画像が不鮮明）

投与群6

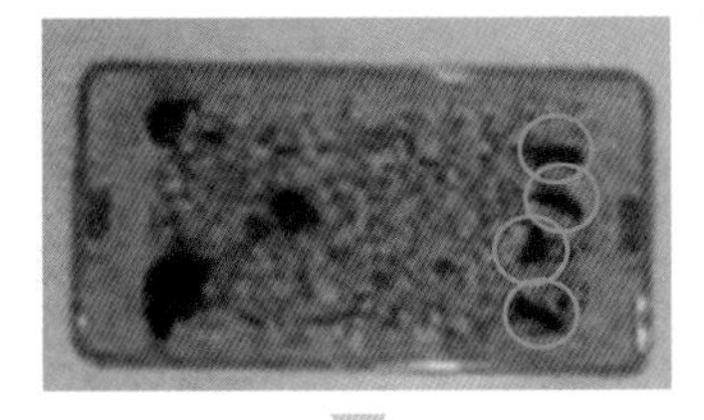

▼

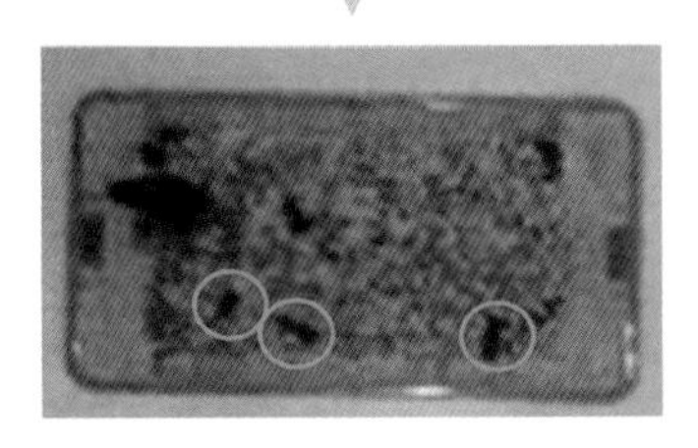

検索した母獣全例（n=6）において，6分以内に産子のリトリービングを完了できなかった

Animal Molecular Morphology, Kobe University

養育行動を怠る可能性があります。

最後に継世代影響に関する世界初の研究についてご紹介します。お母さんがネオニコを摂取した場合、オスの子どもにおいて精子が減少し、メス動物では明らかに卵巣が小さくなることが示されました。さらに、子供、孫、曾孫に影響するかどうか（4 世代実験）検証しました。その結果、網羅的遺伝子発現、ホルモン、代謝物等に関する解析を行った所、CLO が継世代影響することが示されました。

プロラクチンやプロゲストロンが減少すると虐待や育児放棄が起こりやすい。実際、次世代、次々世代で自ら産んだ赤ちゃんを食べてしまったり、ミルクを与えないという育児放棄が起きました。オキシトシンやプロラクチンの減少に加え、母獣からの不十分な養育により起きたと言えるのではないでしょうか。

*　オキシトシンとは…下垂体後葉ホルモンの１つで，子宮収縮作用を持つ．最近では愛情ホルモンとも言われる
**　プロラクチンとは…下垂体前葉ホルモンの１つで，乳汁分泌作用と性腺抑制作用を持つ
***　プロゲステロンとは…エストロゲンとともに、いわゆる女性ホルモンと総称される

出典　(1) Shoda A, Hoshi N et al. JVMS, 2023a
(2) Shoda A, Hoshi N et al. JVMS, 2023b
(3) Murata M, Hoshi N et al. JVMS, 2023

腸内細菌叢の多様性の低下
アレルギーの鍵は“腸”にあり

星　信彦（神戸大学大学院教授）

腸は、免疫担当細胞の70%以上が集積する体内最大の免疫器官で、「第二の脳」とも呼ばれる独自の神経ネットワークを持っており、脳と腸は密接に関連し合っています。たとえば、うつ病患者では腸内細菌叢（さいきんそう）の多様性の低下が観察され、その腸内容物を無菌マウスに移植するとうつ様行動がみられます。それ故、「脳 - 腸 - 連関」という言葉も提唱されています。腸内細菌叢のバランスの乱れは、炎症性腸疾患やガン、アレルギーなどの様々な疾患に関与することが指摘されています。

≪ネオニコで腸内環境が悪化することを哺乳類で初めて証明≫

我々は、現在、最も使われているネオニコチノイド系農薬の1つクロチアニジン（CLO）を摂取させたラットで腸内細菌叢の多様性の低下を明らかにしました。すなわち、ネオニコチノイド系農薬は腸内細菌叢を介して宿主の免疫系に影響を及ぼすことが分かりました。CLOにより変動した細菌は短鎖脂肪酸の生成と関連するものが多く、とくにクロストリジウムをはじめとする酪酸産生菌の減少が目立ちました(1)。乳酸や短鎖脂肪酸は、免疫の賦活化（活性化）や制御に関与するため、CLOが腸内細菌叢を変化させることで免疫系を攪乱する仕組みが明らかになりました(2)。

≪ストレスが加わると免疫力が低下する≫

一方、先行研究からこの農薬の感受性は環境ストレスによって変化することが分かってきました。そこで、私たちは、人間社会で起こりうるような物理的および社会的ストレス下で、CLOを4週間摂取させたマウスにおける腸内細菌叢解析を行い、CLOと環境ストレスの複合曝露が腸内細菌叢に及ぼす影響について検証しました。その結果、短鎖脂肪酸産生菌が大きく変動することを明らかにしました。また、この実験において、非ストレス下におい

（農薬＋ストレス下において）

短鎖脂肪酸産生菌が減少する！

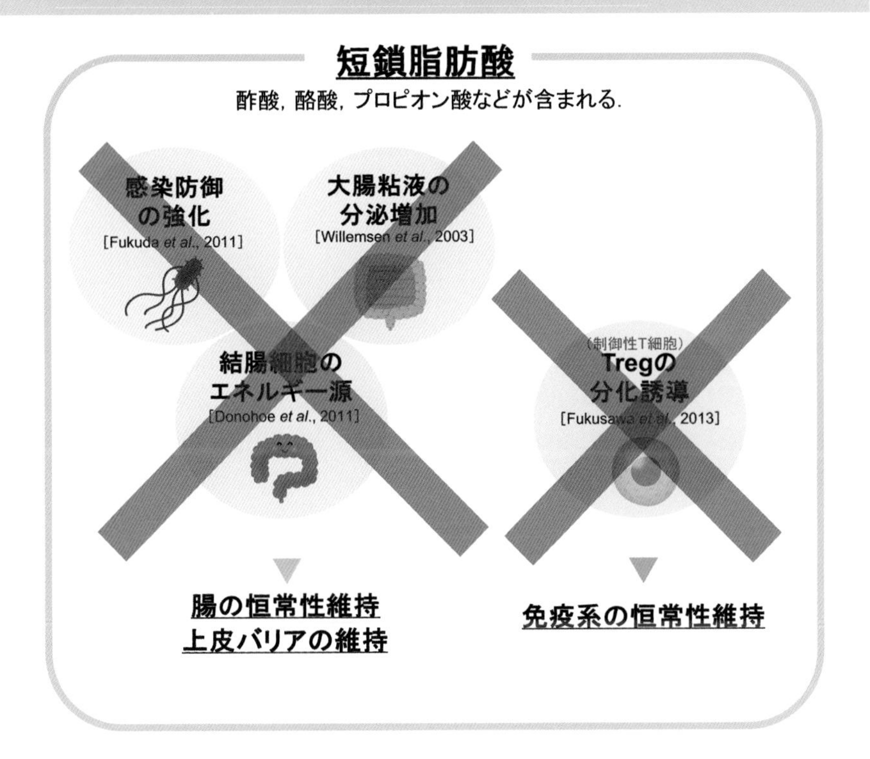

てはラクトバチルス*（乳酸菌）量に有意な差は認められなかったのに対し、ストレス負荷下でCLOを摂取させると有意に減少することも分かりました。以上のことから、ストレスとの複合影響下では、CLO単独摂取下ではみられない免疫系への影響も初めて明らかにすることができました［上図参照］(3)。

＊ラクトバチルスはプロバイオティクスとして知られる乳酸菌であり、生理活性物質であるサイトカインの分泌調節や、ナチュラルキラー細胞数の増加などを介した免疫調節作用を有する。

出典 (1) Onaru K, Hoshi N et al. JVMS, 2020
(2) Murata M, Hoshi N et al. JVMS, 2023
(3) Yonoichi S, Hoshi N et al. Toxicol, Appl. Pharmacol, 2023

農薬の子どもへの影響

農薬が原因とされている子どもの病気や障害は多く、自閉症、ADHD、学習障害などの発達障害は、農薬使用量の増加に合わせるように米国や日本で増加しています。知能（IQ）低下、作業記憶の障害をふくめ、農薬が脳の大切な働き（高次機能）や発達を阻害し、さまざまな行動異常を起こすことが最近明らかになってきました。

有機リンやネオニコチノイド農薬は微量でも、脳の情報を伝達するアセチルコリンの働きを狂わせます。アセチルコリンは、脳の発達のための遺伝子の働きを調節するという重要な役割を演じているため、脳の一部の神経回路が正常に発達せず、発達障害の一因になると考えられます。

子どもの脳の機能発達は生後から学齢期でも盛んです。子どものためにも、できるだけ無農薬の農作物をえらび、室内では殺虫剤を使用しないようにしましょう。

米国では自閉症が近年増加し、下表のように2000年には子ども150人に1人が、2020年には36人に1人になり、米国科学アカデミーは、これまでの研究により、子どもの発達障害や行動異常の約3分の1は、農薬やその他の化学物質の直接的影響、あるいは、それら曝露と遺伝子の相互作用が原因で起きると推定しています。

米国　自閉症スペクトラム症（ASD）		
調査年	子ども1000人中の数	子ども何人に1人
2000	6.7 (4.5-9.9)	150人に1人
2004	8.0 (4.6-9.8)	125人に1人
2008	11.3 (4.8-21.2)	88人に1人
2012	14.6 (8.2-24.6)	68人に1人
2016	18.5 (18.0-19.1)	54人に1人
2020	27.6 (23.1-44.9)	36人に1人

出典：米疾病対策センター（CDC）統計

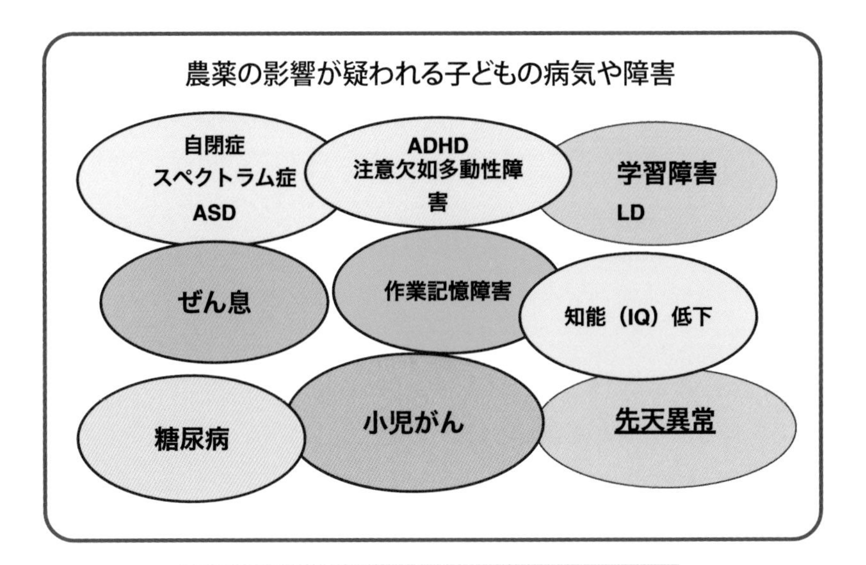

これまでの研究で分かったこと

＊ ADHD のリスクは、有機リン農薬の曝露により約２倍高くなる。(Bouchard et al, 2010 他)

＊自閉症の原因となる化学物質として、鉛、メチル水銀、ＰＣＢ、有機リン農薬、各種の内分泌かく乱物質（環境ホルモン）やプラスチックの可塑剤などがすでに知られている。(Landrigen et al, 2012)

＊有機リン農薬に胎児期に曝露すると、３才で ADHD や自閉症の前駆症状を示す。(Rauh et al, 2006)

＊知能（IQ）低下、作業記憶の障害が、有機リン農薬のクロルピリフォスで起こる。(Rauh et al, 2011)

＊小児がんのリスクは、15 歳まで農薬を多用する地域に住んでいた子どもが高い。(Carozza et al, 2008)

＊先天異常発生率は農薬散布者（男性）の子どもに有意に高い。(Garry et al, 1996)

＊喘息になるリスクは、生後１年間に農薬や除草剤に曝露された子どもに高い。(Salam et al, 2011)

＊有機塩素農薬や PCB に曝露されると、後に肥満や糖尿病になりやすい。(Lee et al, 2011)

※（ ）内は発表された論文の著者と発表年

水田地帯の水道水にネオニコチノイド
——知らずに飲んでいませんか？ネオニコ

山室真澄（東京大学大学院教授）

EUでは、飲用水個々の農薬の濃度は100ng/L（ナノグラムパーリットル。1ngは10億分の1g）を超えてはならず、また全農薬の合計濃度は500 ng/Lを超えてはならないとされています。[(1)]

2020年、水道行政を担う厚生労働省の研究者も共著とする論文が、「日本の水道水には水田にまかれた農薬を中心に、EUの基準を遙かに超える農薬が混入している」と指摘しました。[(2)]

一般名	水道水基準（μg/L）*
イミダクロプリド	100
アセタミプリド	200
ニテンピラム	70
チアメトキサム	90
チアクロプリド	100
クロチアニジン	10
ジノテフラン	60

その論文ではジノテフランというネオニコチノイド農薬の濃度も示されていて、最大値は2000 ng/Lでした。残念ながら日本の水道水基準は別表の通りなので、日本ではこの濃度でも基準違反にはなりません。

上記論文では、どういう地方のどういう時期に、これほど高濃度のジノテフランが水道水に出てしまうのかを判別することができませんでした。それで全国12箇所の平野部の水道水を対象に、毎月1年間、ネオニコチノイド濃度を分析しました。その結果、下記が分かりました。

＊μg/L= マイクログラムパーリットル、1μgとは100万分の1g

1）ネオニコチノイドは浄水場で活性炭処理を行えばかなり除去できる。
しかし活性炭を頻繁に交換しなければ、活性炭の吸着限度を超えたときに溶出し、本来あり得なかった高濃度になる（これは首都圏の水道水です)。また冬季に「もう農薬は少ないだろう」と半分しか交換しなかった月に水道水のネオニコチノイド濃度が上昇した（これは西日本の水道水です)。

2) **全国に共通してジノテフランが全ネオニコチノイドの大部分を占めた。**ジノテフランは8月に最高濃度を示したが、以後も全地点で必ず検出され、残留性の高さを示していた。8月に最高濃度を示したのは、カメムシ・ウンカ対策としての空中散布によると考えられる。

3) **農地に占める水田占有率が高い地域ほど、活性炭処理をしていない限りジノテフラン濃度が高かった。**一方で水田占有率が高く、かつ活性炭処理をしていなくても、地下水や堤防浸透水を水道原水にしている所は、水道水のネオニコチノイド濃度が低かった。

堤防浸透水とは、川の水をそのまま水道原水に使うのではなく、堤防からしみ出てきた水を使う方法です。日本以外の多くの国で、この方法が安全な飲用水を得る最適な方法として採用されています。またドイツでは川の水をわざわざ地下に入れて、地下水にしてから水道水にしています。オランダでは川の水を砂丘にまいて、その地下水を利用しています。

ネオニコチノイドには気をつけているつもりだったあなたも、「日本の水道水は世界一安全」と思って飲んでいなかったでしょうか？　過去にはその水道水に混入した除草剤によって、新潟市で胆嚢癌発生率が顕著に増えたと報告されました。しかもその除草剤には不純物としてダイオキシンが含まれていました。湖沼堆積物の濃度から、ダイオキシンは燃焼起源より除草剤起源の方がはるかに多いとの論文が公表され世界で注目されました。水田でまかれた農薬やその不純物が川に流入する日本では、そういった川の水を原水にしている水道水を「安全」と断言することはできないと思います。

出典（1）Drinking Water Directive（98/83/EC）
（2）Kamata et al. Sci of Total Environ 2020

米国小児科学会勧告
子どもの農薬曝露低減が必要

米国小児科学会は2012年、化学物質の中でも、とくに農薬を曝露することが子どもの健康にもたらす影響を重く見て「子どもへの農薬曝露低減を求める政策声明*」を発表しました。

子どもたちは日常的に農薬にさらされており、家庭の庭や家の中、学校、そして食物や水などからも農薬に曝露します。そして、それらの潜在的な毒性に対してきわめて影響を受けやすいのです。その影響は誰の目にも明らかな急性なものだけでなく慢性的な影響もあります。

この数十年間で、農薬の人体影響について科学的証拠が蓄積されてきました。親が農薬をたくさん使用すると、子どもが急性リンパ性白血病や脳腫瘍になりやすいこと、両親が職場などで有機リン系や有機塩素系農薬をあびると、発達途上の胎児の脳、神経などにも悪影響をおよぼすこと、また、最近増えている注意欠如多動性障害などの発達障害と農薬との関連についてなどです。したがって、子どもや若者の農薬曝露を出来る限り減らす必要があります。

＊ 米国小児科学会（American Academy of Pediatrics (AAP) Technical Report 2012/11/26
小児科雑誌 (Pediatrics)『子どもの農薬曝露』(Pesticides exposure in children)

欧州食品安全機関（EFSA）が警告

●ネオニコ農薬、子どもの脳の発達に悪影響！

Bee pesticides may 'ha...
unborn babies'

L'Europe épingle deux insecticides soupçonnés d'être neurotoxiques

英・ガーディアン、仏・ルモンド

2013 年 12 月、欧州食品安全機関（EFSA）は、ネオニコ農薬の２種類（アセタミプリド、イミダクロプリド）が発達期のヒトの脳神経系に影響する可能性があると公式に表明しました。この機関の専門家は、発達神経毒性について、より確実なデータを得るための研究が行われるまでの間、２種類のネオニコ農薬の一部の許容曝露量を下げることを提案しました。

アセタミプリドは、現行の ADI*（一日摂取許容量）0.07mg/kg 体重 / 日、および ARfD**（急性参照用量）0.1mg/kg 体重を、その４分の１の 0.025mg/kg 体重 / 日に下げること。そして、イミダクロプリドは、現行の ADI については十分であると考えられ、ARfD は、0.08mg/kg 体重 / 日を 0.06mg/kg 体重 / 日にすることを提案しました。

このニュースは欧米各国の主要メディアで取り上げられ、日本でも日本経済新聞が重要な問題として報じました。

次世代を担う子どもの脳への農薬の影響は、はっきりと誰の目にも明らかになるまでには、長い時間がかかるでしょう。EU のように予防原則を適用し、日本でも一刻も早い対応が望まれます。

＊　ADI（一日摂取許容量）：生涯にわたって摂取しても健康への悪影響がないとされる一日摂取許容量。

＊＊ ARfD（急性参照用量）：一日にこれ以上摂取すると中毒を起こす可能性がある量。

ミツバチに被害の農薬2種
人間の脳・神経にも影響か
欧州食品機関

メダカ 恋の秘訣は「見合い」
東大、脳の働き解明
メス、初対面よりも優先

◀2014 年１月３日付・日本経済新聞社会面
欧州食品安全機関（EFSA）の見解を報じる
参照　J Kimura-Kuroda et al. PloS ONE 2012.

子どもの尿の中にも ネオニコチノイド農薬

食べ物や空気から私たちの体の中に入った農薬は、一部分は脂肪や臓器に蓄積され、尿から体外に排泄されます。2016年に発表された研究によると、日本の子どもの尿中からいくつもの農薬が検出され、色々な種類の農薬を同時にあびていることが明らかになりました。

3歳児223人の尿中農薬が調べられた結果、有機リン系農薬、ピレスロイド系農薬が100%、ネオニコチノイド農薬が79.8%の子どもから検出されました。有機リン系農薬は、日本では40年近く大量に使われていますが、分解しやすい農薬であると言われてきました。今回の調査では、有機リン系農薬が桁違いに高い濃度で子どもたちから検出されました。また、現在主流のネオニコチノイド農薬も、最も濃度が高かったのがジノテフラン（成分名）、次がクロチアニジン（成分名）でした。

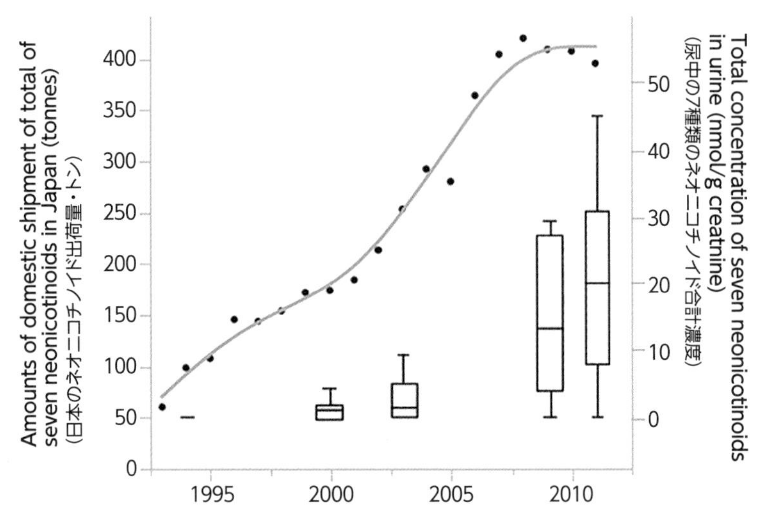

日本人女性における1994年から2011年の間の尿中ネオニコチノイドとジアルキルリン酸濃度の経年レベル、上山、原田他（Ueyama J, et al. Environ Sci. & T. ）

また、名古屋大学の研究では、日本人女性（45才〜75才）95人の尿中のネオニコをヒト試料バンクに冷凍保存されていた尿中の農薬から調べた結果、2011年までの15年間で尿中のネオニコチノイド農薬の濃度が有意に増加していることがわかりました。それは前ページのグラフに示すようにネオニコチノイド農薬の出荷量の増加に関連していると考えられます。

左縦軸　ネオニコ出荷量（トン）、右縦軸（尿中の7種類のネオニコ合計濃度）。
出典：Osaka A, et al. Environ Res 2016

赤ちゃんのおむつ（尿）からネオニコ検出
——母体から胎児に農薬が移行？

6か月から23か月の赤ちゃん（1036人）の使い捨ておむつの尿中ネオニコチノイド農薬（6種類）と代謝物1種類を調べた結果、ジノテフランの濃度が他のネオニコチノイド農薬に比べて最も高かったことが分かりました。母乳または、赤ちゃんのミルクに使用された水、あるいは、母親の胎盤経由で赤ちゃんに農薬が移行した可能性も考えられます。

食事由来のネオニコ農薬の摂取が多いと推定されますが、その他にも家庭用殺虫剤の使用、農薬散布された芝生の上で遊んだりすることによるばく露も考えられます。

出典：Oya N et al. Sci Total Environ 2021

農薬に健康影響があるの?

そもそも農薬は、農作物を食い荒らす害虫を殺すために作られました。その目的のために、神経伝達物質の働きを阻害するなど様々な方法で害虫の神経系の働きを狂わせて害虫を死に至らせます。

虫の神経系と人間の神経系には共通点も多いので、虫の神経系が打撃を受けるなら、人間の神経系にも影響がないはずがありません。とくに下図に示したのは、農薬により引き起こされる可能性のある症状や病気の一部ですが、農薬の被害にあった人には、筋肉の震えや脱力、運動失調やパーキンソン症状など多様な神経症状が見られました。

私たちの体の中では、神経系、ホルモン系、免疫系の３つの系が密

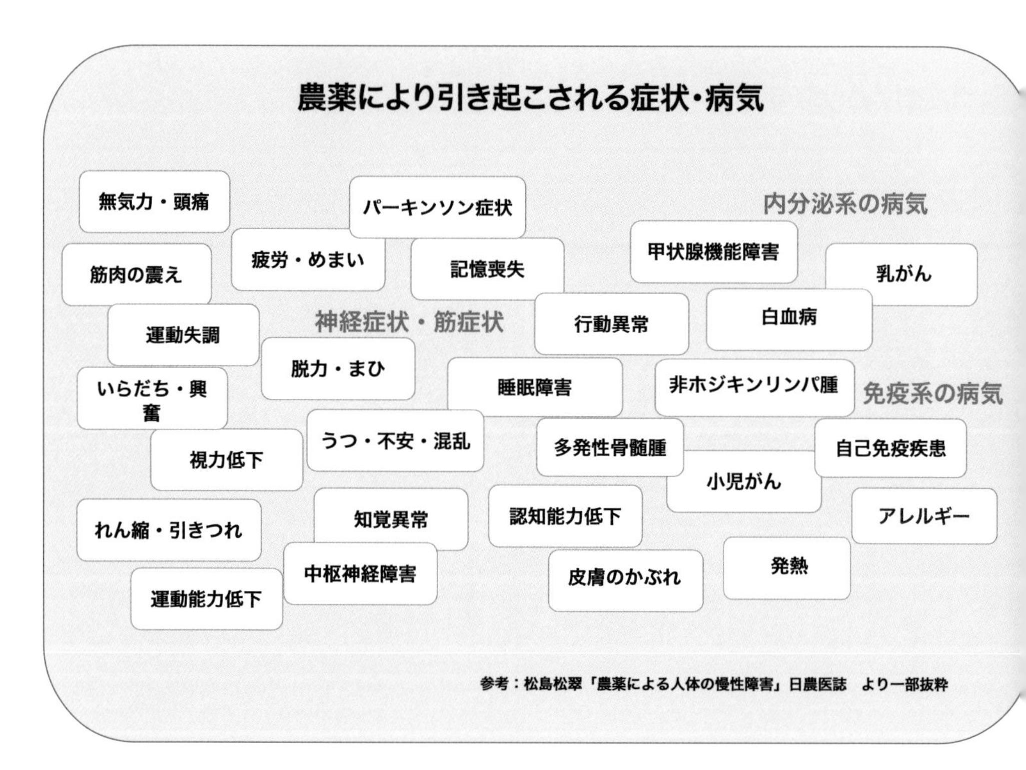

接に関連し相互に影響を与えています。神経系が農薬で被害を受ければ、他の系にも影響があり全身にそれが及ぶ可能性があるのです。

ネオニコチノイド農薬の神経・発達への影響

新しく登録されたフルピラジフロンはミツバチの学習・記憶力を低下させる

ネオニコチノイドの３成分がＥＵで禁止された後、2015年にはネオニコチノイドの新しい成分、フルピラジフロンがＥＵと日本で認可されました。そして早くも、それがミツバチの学習・記憶力だけでなく、花粉や花蜜をあさるミツバチの食欲学習パフォーマンスにも悪影響を及ぼすとする研究結果が発表されたのです。

フルピラジフロンは、バイエル社が開発した殺虫剤で、昆虫の脳のニコチン性アセチルコリン受容体に影響を及ぼす成分とされ、日本では商品名「シバント」で販売され始めました。

出典：Hesselbach H, et al. Scientific Reports 2018

ネオニコチノイド農薬に環境ホルモンの疑い

2018年４月、カナダのケベック大学研究チームは、ネオニコチノイド農薬にも環境ホルモン作用（内分泌かく乱作用）があるとする研究結果を発表しました。乳がん細胞を使った実験で、ネオニコチノイドのチアクロプリドとイミダクロプリドがエストロゲン（女性ホルモン）の産生を増加させたというのです。よく知られているように、女性ホルモン作用のある物質は、乳がんの増殖を促します。私たち日本人が毎日食べている野菜や果物に含まれている農薬が、乳がんに悪影響があることが分かったのです。

出典：Caron B E, et al. Environ Health Perpect 2018

父親のタバコの影響は子孫に？
――オスマウスにニコチン投与で仔に行動異常

妊娠中に女性がタバコを吸うと胎児に悪影響があると注意が喚起されてきました。しかし、女性より男性の方がタバコを吸う人が多いのに、父親となる男性がタバコを吸った場合の胎児への影響についてほとんど関心が持たれていません。

マウスの実験で、ニコチンを投与したオスマウス（F0）と投与していないメスマウスを交配してできた仔・孫マウス（F1、F2）では、オスもメスも注意力が低下するなどの行動異常が見られました。この結果から、ヒトでも父親経由のニコチンばく露の影響が子どもに引き継がれる可能性が推定されました。それは精子DNAにエピジェネティック変化が起きたからだと考えられています。

出典：McCarthy DM. et al. PLoS Biol 2018

エピジェネティクスとは

・DNAの配列を変えずに細胞が遺伝子の働きを制御する仕組みを解明する学問。

・エピジェネティックな変化とは、**遺伝子発現のスイッチのON/OFF**を制御するためにDNAに起こる化学的修飾。

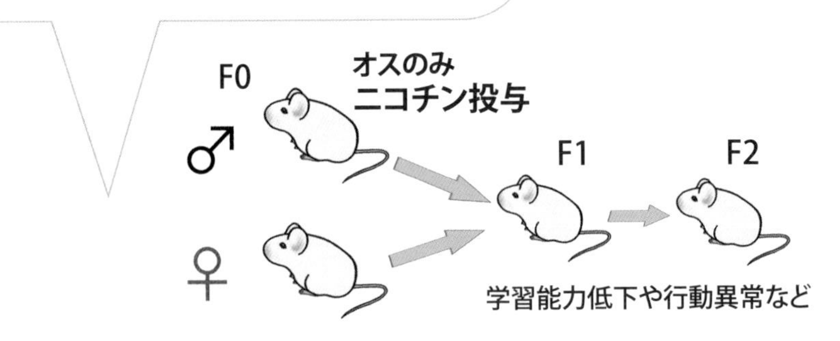

始まったばかり！ ネオニコチノイド農薬の エピジェネティクス研究

ニコチンの影響がオス経由で次世代に引き渡されるならば、ネオニコチノイド農薬はどうなのでしょうか。研究は始まったばかりですが、すでにイミダクロプリドでもDNAのメチル化異常*を起こす研究が報告されています（Some it et al. Toxicol In Vitro 2021）。また農薬など多くの環境ホルモン（内分泌かく乱化学物質＝EDCs）について、エピジェネティクス研究が行われています。

例えばDDT（有機塩素系農薬）とその代謝物DDEの影響が調べられ、動物実験ではF3世代で肥満や精巣の病気、免疫異常などが見られました(Skinner MK et al. BMC Med 2013)。すでに数多くのマウスなどの実験で、オス経由の化学物質ばく露による数世代先の子孫への影響が報告されています（Van Cauwenbergh.Cli Epigenetics 2020）。有害な化学物質の継世代影響は、母親からだけでなく父親の遺伝子のエピジェネティックな変化（スイッチのON/OFF）を通しても受け継がれるのです。

＊メチル化とはDNAにメチル基（CH3）が結合すること。DNAのメチル化によって、がん抑制遺伝子が働かなくなり発がんするケースがある。

進んでるネオニコ研究

●極低体重出生児の尿からネオニコ検出

化学物質の汚染と低体重児出生はこれまでも度々関連付けられてきました。極低体重児*は出生直後から新生児集中治療室で治療を受けますが、極低体重児で生まれた子ども57人中14人(24.6%)の尿からアセタミプリドの代謝物が検出されました。極低体重児からの検出率とその濃度は、適正な体重で生まれた子どもに比較して高いことが分かりました。

＊極低出生体重児（Very low birth weight baby）は出生体重が1500g未満。近年、日本でも低体重出生児（2500g未満）の出生が増加している。

出典：Ichikawa et al. PLoS One 2019

●小児の脳脊髄液、尿、血漿のネオニコに汚染！

白血病、リンパ腫、腰椎穿刺治療を受けている子ども14人の脳脊髄液、尿、血漿を調べた結果、すべての脳脊髄液から最低1種類のネオニコチノイド農薬を検出しました。93%の脳脊髄液からアセタミプリドの代謝産物を検出しました。

出典：Laubscher, et al. Environ Health 2022

●ネオニコでひよこ（chicks）に自閉症様の症状

北海道大学・帝京大学・イタリアのトレント大学の共同研究チームは、イミダクロプリド（卵重量に対して0.1～1ppm）を投与した卵から生まれたひよこに自閉症（ASD）様の視知覚障害が起きたと発表しました。卵の中の胚にネオニコチノイド農薬を投与すると、羽化したひよこのBM*（生き物らしい運動）が有意に障害されました。

＊BM（Biological Motion）は専門用語で、共感、コミュニケーションなど他者との関わりを読み取る神経プロセス。自閉症児は他者とのかかわり合いが苦手。

出典：Matsushima et al. Cerebral Cortex Communications 2022

農薬から子どもを守るために今、できること

◆家の中でゴキブリ退治やコバエ取り、害虫駆除のための殺虫剤使用をやめましょう。とくに妊婦や乳幼児のいる家庭では、室内でのスプレー式の殺虫剤散布をやめましょう。

◆ペットは清潔に洗い、ノミ・ダニ取りのための殺虫剤使用を避けましょう。首輪に浸みこませてあるノミ・ダニ駆除剤には危険な農薬が含まれています。

◆家の庭や回りに殺虫剤や除草剤を撒くのをできるだけやめましょう。それらは揮発して鼻や皮膚から体内に入ります。

◆幼い子どもへの虫よけ剤の使用に注意しましょう。

◆子どもの学校の校庭、アパートやマンションの周りなどに除草剤や殺虫剤を撒くのをやめてもらいましょう。

◆公園や遊歩道などで農薬散布は、関係者に中止を求めましょう。

◆住宅で床下のシロアリ駆除剤の使用をやめましょう。毒性の強い農薬が含まれています。

◆国産の農作物は出来るかぎり農薬の少ない農作物を選びましょう。

◆輸入果物には、危険なポストハーベスト農薬*が使用されているので気をつけましょう。

* ポストハーベスト農薬：収穫後に使用する毒性の強い殺菌剤や防カビ剤（オクトフェニルフェノール =OPP）などのこと。国内では禁止されているが、輸入される果物に散布されることが多い。

どうして増えるの？ ALS、重症筋無力症などの神経難病
――海外では農薬などの有害物質に注目

筋肉や神経のマヒを伴う病気、ALS（筋委縮性側索硬化症）、重症筋無力症、パーキンソン病などの神経難病が身近で珍しくなくなりました。最近数十年、日本で激増しているのは、いったいなぜなのでしょうか。パーキンソン病は神経伝達物質ドーパミンを作る神経細胞が変性したり、死滅したりすることによって発病し、運動機能の衰え、手足の震え、筋肉の硬化が特徴で、寝たきりになる人もいます。日本ではあまり知られていませんが、海外では、農薬へのばく露がパーキンソン病の発症リスクを増加させることについて、十分な証拠が蓄積されています。

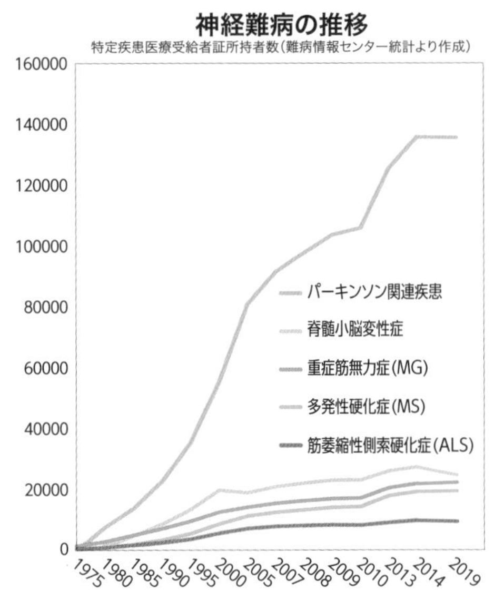

一方、重症筋無力症は筋肉の神経伝達の異常による病気といわれています。私たちの体の中には、60種類もの体を調節する神経伝達物質がありますが、そのひとつ、アセチルコリンによる筋肉への神経伝達が阻害されて重症筋無力症が発症するとされています。

ネオニコチノイド農薬は、もともと昆虫にも同じようにあるアセチルコリン受容体への結合を阻害するように開発されたものです。害虫の神経系を麻痺させることを目的として開発された神経毒性のある農薬が今日、見えないところで人間も攻撃しているのかもしれません。

増え続ける子どもの発達障害

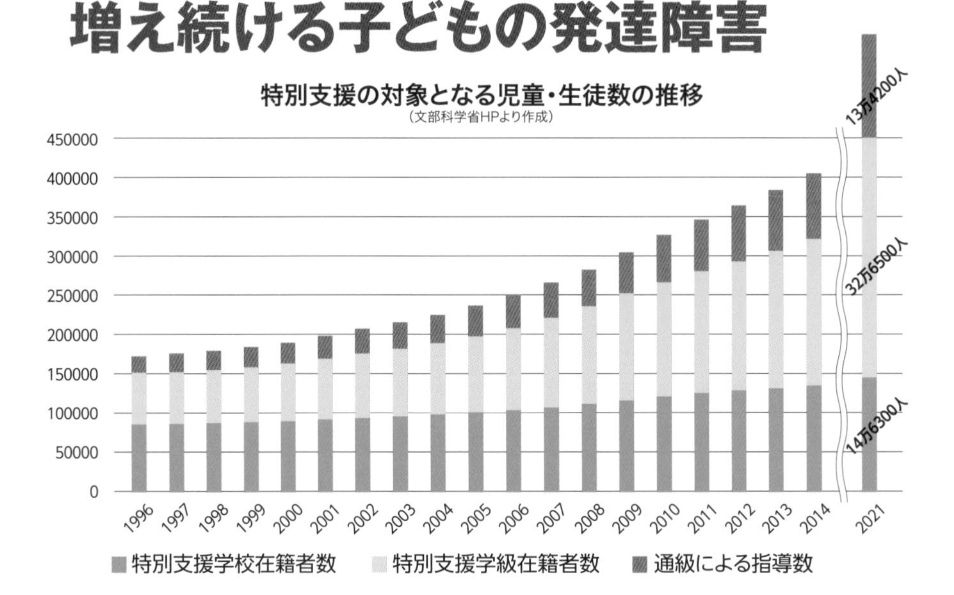

少子化に悩む日本で、出生児数が減少しています。1970年代はじめには200万人以上生まれていた子どもが、2022年には80万人を割り、この間に半数以下になりました。その一方で、ADHD（注意欠如多動性障害）や自閉症など、神経系発達障害の子どもの数が増えており、全国の小中学校で、特別支援学級や学校に通学する児童・生徒、通級で指導を受ける子どもの数は、過去30年間で3倍以上に上昇しました。

その原因として、ゲームやネット、生育環境など様々な問題が指摘されてきましたが、欧米では現在、生活を取り巻く環境中の化学物質の関与が最も注目されています。すでに、私たちが暮らす現代社会には10万種類もの人工化学物質が溢れており、神経系に影響がある化学物質、からだのホルモンの働きを狂わせる化学物質も数多く環境中に出回っています。その中でもとくに農薬は、日々の食生活で摂取することもあり、子どもの心身の発達、神経や脳の発達への影響が大きいと考えられています。

有機農産物に切り替えたら、尿中ネオニコ低減!

スーパーで普通に売られている慣行栽培（農薬を使用して作る）の食材を食べていると、どの程度ネオニコチノイド農薬が体内に入るのでしょうか。また、有機食材に変えると体内の農薬を減らせるのでしょうか。福島県有機農業ネットワークは北海道大学の協力で、慣行食材を食べている人たちが有機食材に切り替えた場合、尿中のネオニコチノイド農薬がどの程度低下するのか調べました。

この調査は、地元の子育て世代（有機栽培農家ではない 15 家族）と有機栽培農家合計 70 名以上に尿検査に協力してもらい、ネオニコチノイド農薬 7 成分と代謝物 1 成分を調べました。

その結果、慣行食材を食べている人の尿から平均して合計 5.0ppb * のネオニコチノイド農薬が検出されました。検出されたのはネオニコチノイド農薬の中でもジノテフランが最も高く（2.7ppb）、次がアセタミプリド代謝物（1.6ppb）でした。他のネオニコチノイド農薬も検出されました。＊ ppb は 10 億分の 1

次にその人たちに、5 日間有機食材を食べてもらうと、合計値が半分以下の 2.3ppb に下がり、さらに 1 ヶ月食べ続けると 0.3ppb にまで下

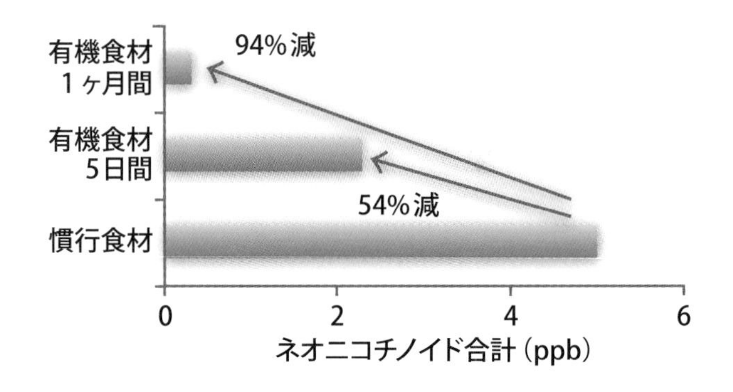

がりました（前頁図参照）。一方で、日頃から有機食材を生産し、自らも食べている有機農業者の農薬の濃度は 0.5ppb でした。

この調査から、現在の日本の農薬使用の状況では、慣行栽培の食材を食べ続けていると複数のネオニコチノイド農薬にばく露し、有機栽培の食材に切り替えると、体内の濃度を減らせることが明らかになりました。

出典　福島有機農業ネットワーク HP
平久美子他　臨床環境医学 2023
Nimako C et al. Environ International 2022

不自然な食べ物を減らして、発達障害を改善!

毎日の食事から、農薬や有害物質を減らして子どもの発達障害の症状を改善したとする体験談をまとめた本が、いくつも出版されています。

その中の一冊がゼニン・ハニーカット著『あきらめない UN-STOPPABLE』（現代書館）です。現代社会にあふれる不自然な食べもの、遺伝子組み換えやゲノム編集によって作られた農作物や農薬まみれの野菜や果物。

専門家はいつも“科学的証拠が不十分”といいますが、それを待っていたのでは大切な子どもたちの健康を守ることはできません。

増え続ける子どもの発達障害を少しでも減らし、その症状を緩和するために「予防原則」を適用し、まずは子どもの食事から無農薬にしましょう！

オーガニックな食事で、子どもの発達障害の症状も改善！

子どもの保育園や幼稚園の給食で、無農薬の野菜やお米を積極的に食べさせようとする動きが、全国的に広がっています。東京新宿のエイビイシイ保育園では、2003年より、給食の食材を農園と直接契約し、国産で有機栽培（完全無農薬、無化学肥料）の食材で、すべて手作り給食に切り替えました。近年、多様な働き方をしている親が増えているとともに、園児の中に発達障害の症状が見られる子どもが増えてきているからです。

有機給食100%を実現！

―― エイビイシイ保育園 ――

都会の保育園で有機給食を出すのは難しい？
実はそんなことありません。信頼できる農家と提携すれば実現可能です。

ハッピーランチのための
ステキなとりくみ

いち 1
オーガニック100%へのこだわり
お米、野菜、果物、ソースなどの加工品まですべてオーガニック食材を採用。豚・鳥は有機畜産、魚も国産天然物が毎朝築地から届く。

にい 2
生産者とのつながり
理事・園長・栄養士が日本全国の生産者を直接尋ね、顔の見える信頼関係を築いている。

さん 3
食活！農活！
子どもたちに食の大切さを伝えるため提携生産者のもとで田植え体験や魚の解体ショーなどを開催。

広がる学校給食への有機農産物活用

この動きは近年、保育園にとどまらず学校にも広がっています。“学校給食の有機化”を全国で実現することを目指し、2022年秋東京で“オーガニック給食フォーラム”が開催されました。会場には1000名を超える人が押しかけ、全国的に有機給食への関心が高まっていることを示しました。学校給食有機化を検討している自治体首長や職員、市民団体、市民などが全国各地から結集したのです。

そして翌年6月、全国の多くの自治体、農業協同組合及び農業関係団体、生活協同組合及び流通、市民団体及び有志（個人）の協働による協議会で“全国オーガニック給食協議会”が設立され、さらに2023年6月、オーガニック給食を全国に実現するために川田龍平氏（参院）などが共同代表を務める“超党派の議員連盟”が発足しました。

5

新しい取り組み 海外と日本の対応

天敵利用で農薬削減

化学農薬依存の農業から生態系活用型へ

大野和朗（宮崎大学教授）

リサージェンス現象（誘導多発生）

農薬撒布

害虫・天敵
死滅

害虫を防除するために
農薬を撒布したはず
しかし、天敵は害虫に
比べて農薬に弱い
害虫のみが復活して増
殖する

さらに農薬
撒布が必要

天敵が働かず、天敵
の力が不十分だから
害虫が増え、農薬が
必要になる

害虫増加

欧米では、環境保全型農業や有機農業が普及し、農業は食糧生産だけではなく、生物多様性の保全や快適な住環境を支える産業として大きな役割を担いつつあります。しかし残念ながら、日本の農業は化学農薬中心の栽培が主流です。

病害虫によるわずかな傷があるだけで農産物の商品価値がなくなるため、大量の農薬を散布して、外観のきれいな農産物を生産するしかない状況にあります。また、化学農薬への過度の依存は、農薬に対する害虫の抵抗性発達を促し、農薬散布間隔の短縮や複数農薬の混用という形で、生産農家は農薬散布に多大な労力を費やしています。

●土着の天敵を利用する

化学農薬に依存した農業を大きく変える技術のひとつに、害虫を食べる天敵を利用した生物的防除があります。既に、商品化された天敵も販売され、施設栽培では高知県や茨城県、鹿児島県のように、市販の天敵による害虫防除が普及している地域もあります。また、地域に生息する土着の天敵を畑や果樹園で活用する方法は、最も新しい害虫防除技術のひとつです。

●ナス栽培に数十回もの農薬散布

私たちは、露地ナス栽培の農家圃場で化学農薬中心の栽培から、身の回りに生息する天敵の働きを引き出し、害虫の発生を抑える、生態系活用型栽培技術の実証試験を続けています。露地ナス栽培で問題となるミナミキイロアザミウマ、タバココナジラミ、ハダニ類、アブラムシ類などはいずれも農薬に高度の抵抗性を発達させた害虫です。通常の農薬を使う慣行防除圃場では梅雨明け後、ほぼ毎週のように農薬を散布し、アザミウマ類やコナジラミ類の発生をなんとか抑えている状況です。

●天敵保護により農薬散布回数は半分以下

対照的に、土着天敵の保護のために天敵に優しい農薬（専門的には選択的農薬）を散布した畑では、タバココナジラミの発生はほとんどありません。また、タバココナジラミと同様に農薬による防除が難しいミナミキイロアザミウマの発生も天敵のヒメハナカメムシ類が畑で増える7月にはほとんど問題にならなくなります。このように天敵を保護した畑、さらに天敵の働きを高めるようなインセクタリープランツ（天敵温存植物）を植えた畑では、慣行防除圃場に比べ農薬の散布回数は半分以下まで減少します。

農薬散布が害虫の発生を促す現象はリサージェンス（誘導多発生）と呼ばれていますが、意外と生産農家や指導者の間で正しく認識されていません。

いのち育む有機稲作

無農薬・有機栽培に取り組んで20年・民間稲作研究所の実践

稲葉光國（民間稲作研究所）

1　田植機稲作とともに定着した農薬神話

1975年から全国に普及した田植機稲作は1株に幼い苗をたくさん植え込む方法でした。そのために除草剤がないと雑草が繁茂し手が付けられなくなります。また窮屈な環境で育つために、農薬なしには栽培できないイネになってしまいました。

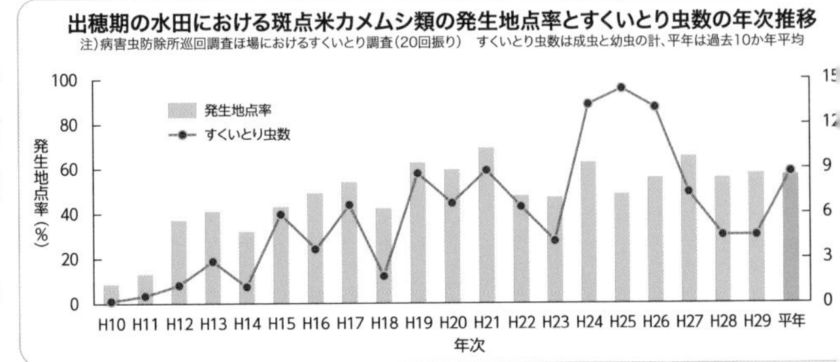

田んぼに苗を植えてから除草剤、殺虫剤、殺菌剤など15成分も使う稲作りが推進されてきました。こうした農薬の過剰使用への懸念から、1994年から農薬・化学肥料の使用量を半減する環境保全型農業が推進されるようになりました。その切り札となったのが、浸透性が強く長期残留を特徴とするネオニコチノイド系農薬やフィプロニル農薬でした。田植の時に育苗箱に散布すればイネミズゾウムシやドロオイムシなどが防除できるという便利な使用法が実用化し、使用成分量は半減しましたが、一方で生物の多様性が失われ、クモやハチ類の生存を脅かしたために、カメムシ被害が広範に発生するようになりました。その防除のために長期残効農薬を多用してきましたがカメムシ被害は終息せず、玄米に農薬が残留し、血液脳関門の未発達な乳幼児に悪影響をもたらす恐れが出てきました。

2　農薬も化学肥料も全く使用しない「いのち育む有機稲作 」

私たちは病害虫多発の原因となっている密植栽培を根本から改め、また除草剤を使わなくても雑草が全く発生しない栽培法を作り上げました。

その方法は、種子に付着している病害虫は60℃のお湯に7分間浸すという方法で完全に防除する技術（温湯消毒法）です。それでも襲来する害虫にはクモやカエル・赤とんぼなどの天敵を育て、養分の供給には農場で生産した脱脂大豆などを用い、土着の微生物の活性化などを促し、また雑草の防除も、田植え以後は草取りのために田んぼには入らないという管理技術を作り上げました。技術が出来上がって16年になる有機種子の採種圃場ですが、カメムシなどによる斑点米もほとんど発生していません。

3 大豆や麦も「イネ―麦―大豆の２年３作」の輪作で循環型の有機栽培が可能に

イネの跡に麦を植え、麦を刈り取った後に大豆を植えるという方法で、水田環境と畑の環境を交互に繰り返していけば、雑草も生えず、連作障害も発生せず、大豆の窒素固定能力によって肥料もあまり必要のない循環型の有機栽培が可能になります。

輸入頼りの大豆は気が付いたら遺伝子組み換え大豆になり、小麦も収穫直前に除草剤を散布し収穫する方式が一般化し、大豆も小麦も食べられない子どものアレルギー患者が増えています。循環型の有機農業を普及し、農薬も化学肥料も遺伝子組み換えも使わない有機大豆・麦・油糧作物の地域自給圏を構築する国民運動が必要になってきました。

4 イネ・麦・大豆・そしてナタネ、少々の野菜・果樹園があれば、豊かな食生活が実現

循環型の有機農業は一人で5haの経営が可能になりました。収穫された農産物で味噌、醤油、納豆、豆腐、パン、麦茶、植物油、ビールなどすべて地元の加工業者や地産地消をモットーとする生活協同組合のみなさんと一緒になって有機農産物の自給圏を広げたいものです。発達障害や食物アレルギーに悩む子どもたちの健康回復のために、健康な食生活を保障することが大人の務めです。

低コスト・省力の生物多様性を育む有機稲作
～成苗1本植えによる安定多収の有機稲作～

ット1粒播き半自動播種機

プール育苗

5.5葉苗：ポット1粒播き
分げつ2本　40日苗

植30日前元肥30kg散布。
回目代掻き後は湛水管理

深水で2回目代掻きを行い、
未発芽種子を覆土。
3日後に5.5葉苗の1本植・抑草ペレット散布

田植え直後から7cm以上の水位を
30日間保ち雑草の発芽を抑制

遅い日本の対応

EU農薬規制
ミツバチへの影響懸念
日本 基準見直さず

欧州連合（EU）は、ミツバチへの悪影響が懸念されるとして、12月1日から殺虫剤のネオニコチノイド系の農薬3種類を最長で2年間、使用を制限することを決めた。開発した農薬メーカーは「非科学的な決定だ」として、EUの行政部門である欧州委員会を批判している。農水省は「日本は独自にミツバチへの影響や対策を含めて農薬登録の基準を定めている」として、当面は日本国内の規制を見直さない方針だ。

欧州委員会は1月、安全審査を依頼していた欧州食品安全庁の報告を受け、ネオニコチノイド系のクロチアニジン、イミダクロプリド、チアメトキサムについて、温室内や野外での開花後の使用など一部の例外を除き、作物の種子処理、土壌処理、葉面散布をEU域内全域で禁止する方針を打ち出した。

EU加盟国投票では正式決定に必要な賛成票数を得られなかったが、「委員会の権限で、予定した日程を後ろにずらすなど一部修正を加えた上で実施することにした」と欧州委員会広報官は日本農業新聞に説明した。

世界各地でミツバチの失踪が相次ぎ、農薬の他にダニ、ウイルス、細菌などが原因として疑われているが、結論は出ていない。欧州委員会が今回導入するのも暫定的な措置だ。「（ミツバチへの影響に関する）新たな知見が出たりした場合には直ちに規制を見直す」考えだという。「疑うに足る情報がある以上、とりあえず使用を制限する」としており、EUが食品の安全性や環境問題で採用している予防原則による措置とみられる。

ネオニコチノイドを開発した農薬メーカーは欧州委員会の方針に反発。「委員会の提案は科学的な証拠に乏しく、これらの農薬はミツバチに野外で打撃を与えないという豊富な証拠に反している」（シンジェンタ）などの声明を出している。

農水省は、国内でこれらの農薬に関連するシンジェンタジャパン、バイエルクロップサイエンス、住友化学の3社から事情を聞いた。瀬川雅裕農薬対策室長は「欧州の措置は食品の安全性に関わる事項ではないが、注目して情報を集めている。日本での農薬登録はミツバチへの急性毒性なども要件にしており、農薬散布の際の対策も講じてきた。使用法も違う」と話し、日本国内の規制を見直す考えがないという。米国やカナダも「科学的な根拠が十分ではない」と当面はEUの決定を静観する見通しだ。

取材ノート
コントラクターの活躍
育成 地域全体で

コントラクター（農作業受託組織）の存在感が増している。飼料自給の観点から各地の取り組みを取材し連載企画で紹介した。取材を通じて印象深く感じたのが、それぞれの地域で異なる農家のニーズに対応し、多様な経営を支える姿だ。

栃木県では、コントラクターとTMR（混合飼料）センターを運営する農業生産法人を取材した。飼料の生産から混合、配送まで手掛け、酪農家の要望にきめ細かく対応。さらに、転作で飼料作物を作る稲作農家と、飼料を利用し堆肥を地域の農地に還元したい畜産農家とをつなぐ。

同法人の実務責任者は「規模拡大だけが農業の目指す方向ではない。中小規模の農家が生き残れるよう、地域ぐるみで支える仕組みをつくる。それが役割だ」と語った。

北海道の十勝地区では、酪農家の規模拡大をコントラクターが後押しする。酪農家は飼料作物の種まきや収穫作業を委託して、搾乳や飼養管理に専念。1頭当たりの乳量増と増頭につなげて、収益を向上させていた。

この組織はニーズに応じて、受託面積も受託する作業内容も増やしてきた。ただ、作業時期が集中し、農機や人員のやりくりなど物理的な限界を迎える中、全ての要望に応えきれるわけではない。取材したマネジャーは「これから先、何をどう担うべきか。農家とJA、行政など地域のみんなで話し合っていく必要がある」と強調していた。

地域全体で、コントラクターをどのように育て活用していくのか。各地に共通するテーマだ。これからも、その動きが注目される。（飯島有三）

給へ 相次ぐ

パーマーケット向けの商品を供給している。住友商事は昨年12月、インドネシアで日用品や食料品などを販売するスカマートをオープンし、「現在、売り上げは堅調に伸びている」（同社広報部）という。

□　□

ASEANには、タイなど10カ国が加盟。11年現在の人口は、日本の4・7倍に当たる6億2 3万人、1人当たりの名目GDP（国内総生産）は、日本の10分の1にも満たない3563ドル（1ドル約102円）だ。

日本アセアンセンターの貿易投資部の松浦剛部長は「アセアン食品市場は一層伸びる。日本企業の進出先として魅力が高くなるだろう」と話す。（金哲洙）

週間ダイジェスト 5月18日～24日

政　治

◇所得倍増へ施策検討本部設置
政府は安倍晋三首相を本部長とする「農林水産業・地域の活力創造本部」の設置を閣議決定し、首相官邸で初会合を開いた。安倍首相は農業の成長産業化に伴い農業・農村の所得を10年間で倍増させるとの目標を掲げており、同本部で具体的な施策を検討する。2014年度予算案などへの反映を目指す。（21日）

◇公明党が成長戦略を公表
公明党は日本経済の再生に向けた成長戦略を公表した。農業では、東日本大震災からの復旧・復興の加速や経営所得安定対策の法制化などを柱に据え、農産物の輸出拡大に向けて、ブランドなどの知的財産を積極的に活用する方針を掲げた。政府が6月にまとめる成長戦略などへの反映を目指す。成長戦略を基に夏の参院選公約の策定を進める。（24日）

Ｊ　Ａ

◇農林中金が12年度決算
農林中央金庫は、2012年度の決算を発表した。単体の経常利益は前年度比29%増の881億円。株式・金融市況が回復した中で、着実な資金運用を積み重ねたためとしている。12年度も目標経常利益水準（500億～1000億円）を確保した。配当は今期も行う予定だ。（23日）

◇ＪＡ全国女性協が総会
ＪＡ全国女性組織協議会は、

日本農業新聞 2013 年5月 26 日付

日本のネオニコチノイド農薬に対する対応は、この 10 年ほとんど変わらないどころか、2023 年現在、何の使用規制も実施されていません。

左記の日本農業新聞（2013 年）に見られるように、ＥＵが同年に３成分の一時使用中止を決めた直後、農薬企業と相談の上、日本では国内の規制を見直さないとした農水省は、16 年 11 月に「農薬による蜜蜂の危害を防止するためのわが国の取り組み」の改訂版をまとめましたが、その中身にまったく進展はありませんでした。

その中では、現在でも、わが国で起きたミツバチ被害をＣＣＤ（蜂群崩壊症候群）ではないとし、「わが国ではネオニコチノイド農薬はカメムシ防除に重要です」としています。

農林水産省は、日本でネオニコチノイド農薬を規制しない理由として、ＥＵと日本とではネオニコチノイド農薬の使用の仕方が違う（ＥＵでは主に種子処理、日本では育苗箱施用や散布）、ＥＵと日本では気候が違い、日本は暖かく害虫の発生が多い、と説明しています。しかし、それらの説明は、危険性が明らかになった農薬の使用を促進してよい理由にはなりません。

2021年 農水省「みどりの食料システム戦略」発表

◇有機農業を100万haへ拡大

耕地面積に占める有機農業の割合を2017年（2.35万ha）を2030年（6.3万ha）、2050年までに100万ha、25％に拡大する。

◇化学農薬使用量（リスク換算）を2050年までに50％低減

21年3月、農水省は「みどりの食料システム戦略」の中間とりまとめを行い、2040年までにネオニコチノイド系農薬を代替化するための新規殺虫剤を開発し、2030年までに10％低減し、50年までに農薬使用量を50％低減するとしました。

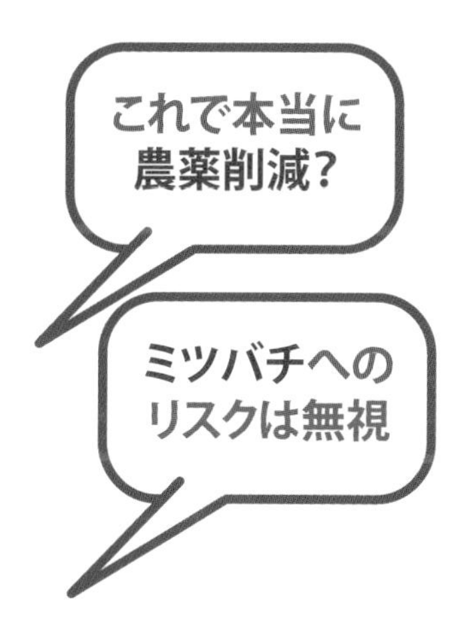

リスク換算とは有効成分ベースでヒトへのリスク評価値のADI（1日摂取許容量）を元に計算します。

しかし、ヒトへのリスク評価を元に農薬の使用量が決められると、ミツバチや他の生物に大きなリスクがあっても大量使用を許される農薬もでてきます。農薬の環境への悪影響が軽視されることになるのです。また、現行のヒトのADIを元に計算するといっても、そのADI自体が妥当でない可能性を指摘する専門家もいます。

それに加えて、現在の農薬の評価は、農薬の「有効成分」のみで行われていますが、農薬の毒性は有効成分以外の補助剤が高いこともあり、その点が全く考慮されていないのです。数々の問題点を抱えているのが、新たな食料システム戦略なのです。

農薬ムラが安全神話を流布

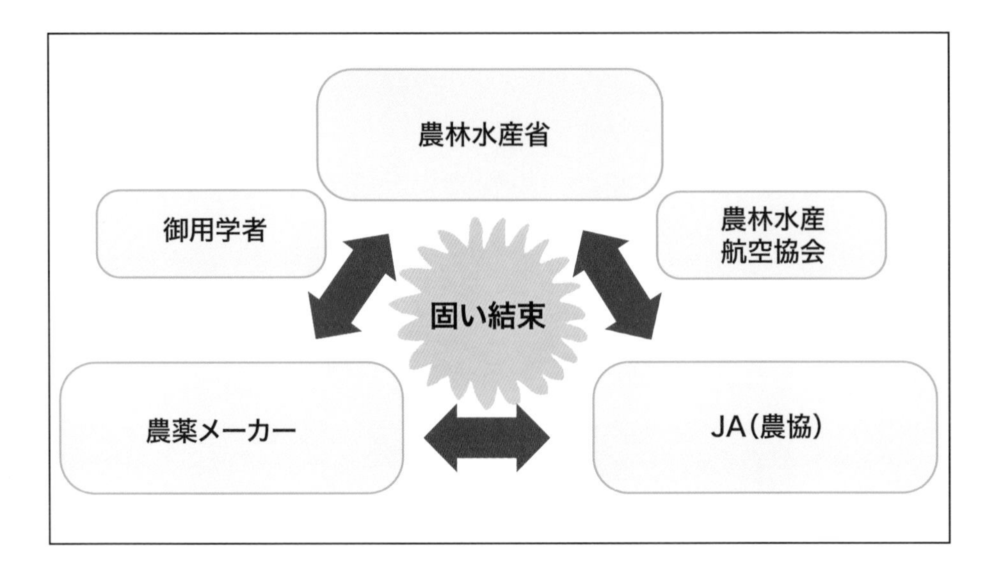

農薬の世界も、農薬メーカー、農水省、農協などが一体となった“農薬ムラ”によって、その普及と販売が促進されています。農水省は、農薬メーカーが示した農薬の毒性試験の結果を根拠に農薬の使用を促進し、それにお墨つきを与えるのが御用学者です。これを農林族議員が支えています。農家への農薬販売を最前線で担うのが、全国農業協同組合中央会（全中）傘下の各地域の農協です。農薬が売れれば売れるほど、JAはもうかります。また、作物ごとに農薬の防除暦「営農ごよみ」があり、農家はその防除暦をもとに農薬を購入して散布します。

一方、農林水産航空協会が農薬の空中散布の役割を担っています。

新しく開発された農薬は、農薬登録に際してメーカーに厳密な毒性試験が義務づけられていますが、市場に出回った後に想定外の毒性が表面化し、禁止される農薬がこれまでに多々ありました。

国民を欺く農薬の安全性評価

改正農薬取締法（2018年）により、農薬の再評価が決まりました。この改正により、全ての農薬について定期的に最新の科学的知見に基づき、安全性等の再評価を行う仕組みを導入したと国はいいますが、その安全性確認の仕組みは本当に信頼できるのでしょうか。

既登録農薬については、2021年から優先度に応じて順次再評価が始まることになりました。農水省は最初の14種類を告示し、その中にネオニコチノイド系農薬の5種類、グリホサートも入りました。ネオニコチノイド農薬で再評価の対象となったのはアセタミプリド、イミダクロプリド、クロチアニジン、ジノテフラン、チアメトキサムです。

農薬の再評価では、最新の科学的知見を取り入れるために公表文献が使用されることになりました。しかし公表文献を収集、選択、評価するのは、利益相反のある農薬メーカーとなっており、メーカーに不利な論文が排除される可能性があります。農薬メーカーが作成した公表文献の報告書は、農水省がガイドラインに沿ったものであると確認済みとして2022年末に公開しました。そこで、クロチアニジンやイミダクロプリドの報告書を確認したところ、ネオニコチノイド農薬の危険性を示すいくつもの重要な論文を一見わからないよう削除していることがわかりました。

これは安全性評価システムそのものが抱える問題です。農薬メーカーが農薬の毒性を示す不都合な論文を採用することは当初より考えられません。利益相反のない専門知識をもった第三者によって構成される委員会などを設置し、公表文献の収集、選択等を行い、その過程及び結果の全てを公開するようガイドラインを改正すべきです。現行の農薬再評価ではとても次世代の子どもの健康を守れません！

出典：日本内分泌撹乱物質学会ニュースレター 2023年25-4号

脱ネオニコの動き
——国が動かないなら地方から

◆ 渋川市の先進的な取り組み

諸外国に比べて、日本では国レベルの農薬削減の動きはほとんど見られません。それに対して、市町村レベルの小さな自治体では脱ネオニコチノイドの動きが活発です。

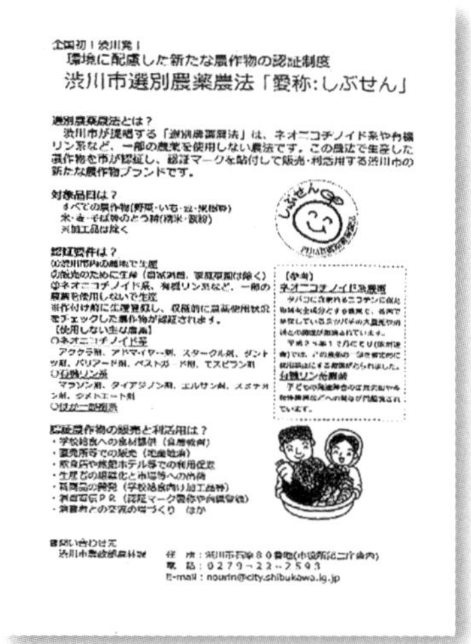

全国初！渋川発！

環境に配慮した新たな農作物の認証制度

渋川市選別農薬農法「愛称：しぶせん」

選別農薬農法とは？

渋川市が提唱する「選別農薬農法」は、ネオニコチノイド系や有機リン系など、一部の農薬を使用しない農法です。この農法で生産した農作物を市が認証し、認証マークを貼付して販売・利活用する渋川市の新たな農作物ブランドです。

対象品目は？

すべての農作物（野菜・いも・豆・果樹等）

米・麦・そば等のとう精（精米・製粉）

※加工品は除く

認証要件は？

【使用しない主な農薬】

○ネオニコチノイド系

アクタラ剤、アドマイヤー剤、スタークル剤、ダントツ剤、バリアード剤、ベストガード剤、モスピラン剤

○有機リン系

マラソン剤、スミチオン剤、ジメトエート剤

○ほか一部農薬

認証農作物の販売と利活用は？

お問い合わせ先

E-mail：nourin@city.shibukawa.lg.jp

群馬県渋川市は2014年7月、全国に先駆けてネオニコチノイドなど環境や健康への影響が懸念されている一部農薬を使用せずに生産した農作物を市で認定する「選別農薬農法農作物認定制度」を創設しました。7種類のネオニコチノイドと有機リン剤、そして、ネオニコチノイドと同じ浸透性農薬であるフェニルピラゾール系のフィプロニル（商品名:プリンス）、そして、フロニカミド（商品名:ウララ）もそれに加えました。

◆ 特別栽培を脱ネオニコチノイドで　栃木県　民間稲作研究所

「特別栽培農作物」とは、その地域の慣行栽培（普通に農薬を使用する栽培）に比較して、化学合成農薬と化学肥料を5割以上削減して栽培された農作物のことです。日本では"農薬削減"は、農薬の散布回数を減らすことを意味しています。農薬の散布回数を半減させると特別栽培農作物と認定され、減農薬で安全になったかのような宣伝がなされています。民間稲作研究所では、国が進める偽りの減農薬ではなく、生きものにやさしい減農薬によって「特別栽培ネオニコフリー認定」を始めました。

広がるミツバチにやさしい農業（米国・カナダ・オーストラリア）

“ミツバチにやさしい農業”を広める活動が、2009年より米国カリフォルニア州で始まりました。現在では北米全域、そしてカナダにも広がっています。カナダでは2011年ミツバチなどのポリネーターの授粉を助けるための団体「Pollinator Canada」が、このプログラムに参加しました。

ミツバチを助ける気持ちのある人、ミツバチにやさしい農業を実践しようとする人は誰でも、農家でも、学校のグループでも、ビジネスマンでも、養蜂家でも、地元の行政でもこのプログラムに参加することができます。自由にＢＦＦ（Bee Friendly Farming）のロゴを使用してよく、周囲の人たちに意識を高めるためにもロゴを使うことができます。

米国のオレゴン州の大学では、ＢＦＦと認めるために以下を推奨しています。

＊ハチのための生息地を提供（未耕作地、枯れ木、巣箱など）。

＊作付面積の６％はポリネーター—の授粉に役立つ作物を植える。

＊ハチの餌となる植物を植える。

（少なくともシーズン中は２種類の花が咲いているようにする）

＊ハチの健康を第一に考えて農薬を使用する。

（開花期は農薬を使用しない。花の咲く作物には殺虫剤を使わない）

諸外国の規制

●EU：2017 年フィプロニル農薬登録失効。2018 年、イミダクロプリド、クロチアニジン、チアメトキサムの 3 種類のネオニコチノイド農薬のハウスを除く屋外における全面使用禁止。2019 年同 3 種、2021 年チアクロプリドの農薬登録失効。2022 年、スルホキサフロルの屋外使用禁止。2023 年、EU は禁止農薬について、輸出を目的とする生産を禁止する規制強化の議論を開始。

●欧州食品安全機関（EFSA）：2016 年、イミダクロプリドとアセタミプリドが子どもの脳発達に悪影響を与える恐れがあると警告。アセタミプリドの急性参照用量をそれまでの 4 分の 1（0.025mg/kg/ 体重）に下げる。

●フランス：2018 年、全てのネオニコチノイド農薬を使用禁止。フィプロニルは 2004 年に使用禁止。

●アメリカ：2015 年、イミダクロプリド、クロチアニジン、チアメトキサム、ジノテフランの 4 種類のネオニコチノイド農薬の新規登録を禁止。2015 年にスルホキサフロルの農薬登録を取り消し、翌 2016 年に再登録を許可。環境保護庁（EPA）は、イミダクロプリド、クロチアニジン、チアメトキサムが、絶滅危惧種を危険にさらす可能性を指摘。

●ブラジル：2015 年、綿花の開花時期に綿花農家周辺でのイミダクロプリド、クロチアニジン、チアメトキサム、フィプロニルの使用禁止。

●台湾：2016 年、フィプロニルの茶葉への使用禁止。

●韓国：2014 年に EU の 2013 年決定に準拠し、期間限定でイミダクロプリド、クロチアニジン、チアメトキサムの 3 種類の新規・変更登録禁止。

●日本：2015 年フルピラジフロン新規登録、2023 年に残留基準大幅緩和。2016 年スルホキサフロル新規登録、2022 年に残留基準大幅緩和。その他のネオニコチノイド農薬についても 2015 年以降一方的に残留基準緩和。2018 年、改正農薬取締法に基づき 2021 年から順次農薬再評価の開始を決定。ネオニコチノイド農薬は 5 成分が評価対象となる。2021 年、みどりの食料システム法が施行され、法の本格運用始まる。＊ 89、91 ページ参照。

あとがき

農薬の再評価が始まりました。しかし、今度こそネオニコチノイド農薬の安全性が再評価されるとの国民の期待は見事に裏切られました。再評価のために採用された科学論文は、農薬メーカーが自分たちにとって都合の良い論文のみで、国民の健康に差し障ることを示す論文は、はじめから無視されていたのです。

さらに、農水省の「みどりの食料システム戦略」も、一見すると有機農業面積の拡大、化学農薬使用量や化学肥料の削減など、環境に良いことばかりに見えますが、国が本気で国民のいのちや生態系を守ろうとする戦略にはとても思えません。EU で共有されている基本的な考え、ミツバチを大切にすることこそが、農作物の受粉を助け食料安全保障に貢献するという視点は、わが国にはまったく欠如しているのです。

これ以上、ネオニコチノイド農薬の危険性を知らずに、日本人はどこの国よりたくさん、脳神経系に悪い農薬入りの農作物を食べ続けてよいのでしょうか。このまま、子どもの尿から何種類もの農薬が検出され続ける現状を放置してもよいのでしょうか。問われるべきは私たちの倫理観であり、経済優先と企業の利益のみを追求し続ける行政の姿勢です。

NPO法人ダイオキシン・環境ホルモン対策国民会議（JEPA）
ダイオキシン、環境ホルモンをはじめとする有害化学物質汚染から子どもの未来を取り戻したいとの趣旨で1998年、全国の158名の女性弁護士や専門家が発起人になり結成された。国、自治体、産業界に対して、化学物質問題に関する政策提言・立法提言活動を行うとともに、広く一般市民にたいして、化学物質に関する情報を提供している。URL: http://kokumin-kaigi.org/　E-mail: kokumin-kaigi@syd.odn.ne.jp

水野　玲子（みずの　れいこ）
1953年生まれ。サイエンスライター。NPO法人ダイオキシン・環境ホルモン対策国民会議（JEPA）理事。著書に『新農薬ネオニコチノイドが日本を脅かす』（七つ森書館）、『知ってびっくり子どもの脳に有害な化学物質のお話』（食べもの通信社）、共著書に『虫がいない鳥がいない』（高文研）、『『環境ホルモン Vol 1-4』（藤原書店）、『香害は公害—甘い香りに潜むリスク』（ジャパンマシニスト社）。『身の回りにある有害物質とうまく付き合いたいです！』（食べもの通信社）。

〈参考文献〉

＊水野玲子『増補改訂版新農薬ネオニコチノイドが日本を脅かす』（七つ森書館）2016
＊久志冨士男・水野玲子『虫がいない　鳥がいない』（高文研）2012
＊ダイオキシン・環境ホルモン対策国民会議編「新農薬ネオニコチノイドが脅かす ミツバチ・生態系・人間」改定版（4）2018
＊御園孝編著『みつばち飼う人この指とまれ！』（高文研）2013

〈新版〉知らずに食べていませんか？
ネオニコチノイド

● 2014年6月20日———— 初版第1刷発行
● 2018年11月30日———— 増補改訂版第1刷発行
● 2023年12月25日———— 新版第1刷発行

監修／ダイオキシン・環境ホルモン対策国民会議
編著／水野 玲子
発行所／株式会社 **高 文 研**
東京都千代田区神田猿楽町2−1−8　〒101-0064
TEL 03-3295-3415　振替 00160-6-18956
https://www.koubunken.co.jp
印刷・製本／中央精版印刷株式会社

ISBN978-4-87498-864-0　C0045